KB092095

일대일로의
모든 것

일대일로의 모든 것

라메르La Mer 총서 003

초판 1쇄 인쇄 2017년 6월 15일 ＼**초판 1쇄 발행** 2017년 6월 20일
지은이 이창주 ＼**펴낸이** 이영선 ＼**편집 이사** 강영선 ＼**주간** 김선정
편집장 김문정 ＼**편집** 임경훈 김종훈 하선정 유선＼**디자인** 김회량 정경아
마케팅 김일신 이호석 김연수 ＼**관리** 박정래 손미경 김동욱

펴낸곳 서해문집 ＼**출판등록** 1989년 3월 16일(제406-2005-000047호)
주소 경기도 파주시 광인사길 217(파주출판도시) ＼**전화** (031)955-7470 ＼**팩스** (031)955-7469
홈페이지 www.booksea.co.kr ＼**이메일** shmj21@hanmail.net

ISBN 978-89-7483-863-8 03310
값 17,000원

이 도서의 국립중앙도서관 출판시도서목록(CIP)은 e-CIP 홈페이지(http://www.nl.go.kr/ecip)에서
이용하실 수 있습니다.(CIP제어번호: CIP2017012947)

라메르La Mer 총서는 너른 바다에서 건져 올린 너른 인문의 세계를 지향합니다.

ONE BELT
ONE ROAD

일대일로의 모든 것

一帶一路

이창주 지음

서해문집

한 점의 티끌이 일어도 온 대지가 포함되어 있고,

한 송이 꽃이 피어도 온 세계가 일어난다.

一塵擧 大地收, 一花開 世界起

《벽암록(碧巖錄)》 제19칙

차례

prologue

프롤로그

일대일로는

‘실크로드 경제 벨트’와 ‘21세기 해상 실크로드’를 합친 중국의 신조어다. 일대一帶, one belt는 실크로드 경제 벨트를 ‘벨트’로, 일로一路, one road는 21세기 해상 실크로드를 ‘로드’로 줄인 말이다. 중국은 이를 합쳐 일대일로一帶一路, one belt one road라 칭한다. 일대일로는 유라시아와 아프리카 대륙을 주요 국제 범위로 하면서 그 외연을 세계로 확장함을 목표로 한다. 일대일로 중에서 실크로드 경제 벨트는 내륙을 통한 연결, 21세기 해상 실크로드는 해상을 통한 연결을 의미한다. 중국은 고대 동서양 간의 교역 라인인 실크로드 명칭을 빌려 일대일로의 국제 협력 프레임을 확보하고 있다.

일대일로는

고대 실크로드처럼 유라시아와 아프리카 대륙을 내륙과 해양으로 각각 연결하기 위한 선線 개념의 국제 개발 프로젝트일까? 시진핑 중국 국가

주석은 2013년 9월 카자흐스탄 나자르바예프 대학에서, 같은 해 10월에는 인도네시아 국회에서 각각 실크로드 경제 벨트와 21세기 해상 실크로드를 제안했다. 시진핑이 제안한 것은 두 개의 선이 아닌 하나의 내륙-해양 복합형 입체 네트워크였다. 중국은 국제 인프라 건설, 무역과 투자 편리화 추진, 다원화된 글로벌 가치사슬 형성, FTA(자유무역협정)나 역내 경제공동체 구축을 통해 전 세계 범위로 일대일로를 추진하고 있다. 일대일로는 공간 네트워크라는 틀로 다양한 문명을 유기적으로 엮는 '공간 베이스의 자유무역지대' 건설 구상이다. 쉽게 말해 '금융 중심의 세계화'에서 한 단계 발전한 '공간에 뿌리를 둔 세계화'다.

일대일로는

중국 전체를 그 시발점으로 삼는다. 우선 국내 각 지역에 산업 기능을 부여해 비교우위에 따라 각각 개발경제권을 형성하고, 이런 개발경제권을 네트워크로 유기적으로 엮어 중국 전체를 하나의 생명체로 만들어간다. 나아가 중국 전체를 주변 국가를 포함한 전 세계와 연결하려 한다. 중국은 국내 공간의 네트워크화를 통해 중국의 지방, 주변국, 나아가 세계를 복합적으로 엮는 공간 베이스의 자유무역지대를 건설하고 있다.

일대일로는

기본적으로 세 가지 일체양익一體兩翼(한 개의 몸과 두 개의 날개) 전략으로 구성된다. 첫째, 중국 국내의 일체양익이다. 중국은 창장 강長江(양쯔 강) 경제 벨트를 하나의 몸으로 삼아 쓰촨 성四川省에서 상하이上海에 이르는 서부-중부-동부를 연계하고 동부 연해와 서부대개발西部大開發 지역을 두 날개로 활용하는 개발 전략을 개혁개방 초기부터 준비했다. 둘째, 유라시아·아프리카 버전의 일체양익이다. 중국은 동아시아 지역과 유라시아·아프리카 전반을 관통하는 고대 실크로드 라인을 한 몸으로 삼고 환인도양과 환태평양 지역을 두 날개로 삼는 자유무역지대 구상을 마련했다. 셋째, 글로벌 버전 일체양익이다. 동아시아 전반을 하나의 몸으로, 왼쪽은 유라시아-환인도양-아프리카를 날개로 삼고 오른쪽은 환태평양-아메리카-대서양을 날개로 삼는다. 일대일로는 이렇듯 두 개의 단순한 육로·해로 라인이 아니다. 중국은 입체형 복합적 물류 네트워크를 기반으로 선과 면을 동시에 공간에 펼쳐 나가는 공간 네트워크를 디자인하고 있다.

일대일로는

다양한 문명이 공존하는 '공간 베이스의 자유무역지대' 공동 건설을 목표로 한다. 중국은 실크로드 프레임으로 일대일로를 통해 상호 이익을 존중하고, 제로섬게임이 아닌 윈윈의 운명공동체, 이익공동체, 책임공동체를 함께 건설하자고 제안한다. 그러나 일대일로가 국제 협력을 통해 전체 파이를 키우자는 경제적 자유주의 관점에서 출발했다고 해도 공공재를 둘러싼 각국의 이익은 충돌할 수밖에 없다. 국제 인프라 개발 방향에 따라 자본, 자원, 화물, 인적 교류를 망라한 교류의 네트워크 모양과 콘텐츠가 결정되고, 이 모양에 따라 역내 국가별로 국가 이익의 정도에 차이가 발생한다. 대표적인 예가 상품시장, 인프라 건설시장, 에너지자원 공급처 확보 경쟁이다. 이는 자원, 시장, 공간 등을 두고 경쟁하는 중상주의적 관점으로 해석할 수 있다. 일대일로는 이렇듯 경제적 자유주의와 중상주의가 혼재되어 있다. 일대일로는 '공동 건설'을 강조한 협력의 프레임이지만, 이 프레임 속에 각국의 국가 이익 확보 경쟁이 내재한다. 중국의 일대일로는 협력의 '구상構想'이자 경쟁의 '전략戰略'이다.

일대일로는

외교, 경제, 물류, 금융, 지역 개발, 문화 교류 등의 영역이 총망라된 국제개발 전략의 종합체다. 실크로드 경제 벨트와 21세기 해상 실크로드의 개념을 국제사회에 제안한 사람은 시진핑이다. 그러나 일대일로라는 구상과 전략은 고대 실크로드, 미국의 마셜 플랜, 강대국의 에너지 개발 전략, 개혁개방 이후 역대 중국 지도부의 전략, 대외 국제사회의 대對중국 전략의 변화가 함께 복합적으로 상호작용한 산물이다.

1

일대일로란 무엇인가

일대일로는 공간이다

일대일로는 5통이다

시진핑 시대, 일대일로의 탄생

일대일로는 공간이다

1장

고대 실크로드를 복원하다

세상에는 세 가지 '간'이 있다. 바로 인간人間, 시간時間, 공간空間이다. '사이'라는 뜻의 한자 '간間'은 양자 혹은 다자간의 틈을 의미한다. 그 틈을 매개로 관계를 형성하면 네트워크가 된다. 인간, 시간, 공간 모두 네트워크 개념이다. 인간은 사람 관계로 형성된 사회를 의미한다. 시간은 과거, 현재, 미래로 연결된다. 공간은 비어 있는 것 사이의 네트워크이자 인간 삶의 터전이고 시간을 담는 플랫폼이다. 마누엘 카스텔스Manuel Castells는 '공간이란 시간의 결정체'라고 했다.[1] 공간은 인간과 시간의 흔적을 고스란히 담는다. 이런 공간 위에 존재하는 길[道]은 곧 인간이 공간 위에 새긴 '시간의 화석'이다.

시간과 인간의 의미를 담은 공간

일대일로의 공간은 물리적 공간뿐만 아니라 시간과 인간의 의미를 함께 담고 있다. 일대일로를 구성하는 실크로드 경제 벨트와 21세기 해상 실크로드 모두 실크로드라는 단어를 사용한다. 중국은 일대일로에 실크로드라는 단어를 핵심어로 쓰면서 공간과 더불어 시간과 인간의 네트워크를 표현하고 있다.

고대 실크로드는 세 개의 루트를 가진다. 기원전 1세기 장건張騫의 내륙 실크로드, 13세기 원나라의 초원 실크로드 그리고 15세기 정화鄭和의 해상 실크로드가 그것이다. 실크로드는 그 위를 지나는 인간과 시간에 의해 교류의 숨결을 남겼다. 일대일로는 이런 의미에서 실크로드 공간 위에 남겨진 인간의 시간을 복원하는 작업이다. 중국은 일대일로를 추진하면서 '평화와 공동 번영의 실크로드'라는 프레임을 강조한다.

고대 실크로드만이 일대일로인 것은 아니다. 일대일로는 공간을 베이스로 한 자유무역지대 건설 구상이다. 내륙·해양의 고대 실크로드가 일대일로의 골간이지만, 일대일로의 현대판 실크로드 의미와 범위는 더 크고 넓다. 또한 현대의 공간 네트워크 위로 흐르는 교류의 속도와 양은 더 빠르고 방대하다.

고대에는 가축의 힘을 빌려 물건을 운송했고, 바다에서는 범선으로 교류했다. 육로는 고산지대나 사막이 없는 지역 위주로 길을 열었고, 해로는 보급이 쉽고 순풍이 부는 바닷길을 중심으로 길을 열었다. 현재는 기차, 자동차, 선박, 비행기 등 다양한 교통수단이 개발됐다. 교통 기술의 발전은 공간의 물리적 한계를 줄이며 실크로드의 범위를 더 넓히고 그 안의 흐름은 더 빠르게 만들고 있다. 현대화된 교통·운송수단은 산업 공간의 척추인 간선 인프라를 축으로 각 공간을 촘촘히 연결하며 모세혈관 같은 네트워크가 되어 사회 전역을 연결하는 물질적 기반이 된다.

중국은 고대 실크로드 개발과 동시에 전 세계를 대상으로 현대적 의미의 공간 인프라 네트워크를 개발하고 있다. 고대 실크로드는 이런 일대일로의 일부지만 역사 속의 교류 의미를 현대에 전달하며 일대일로의 정신이 됐다. 시진핑은 2013년 3월 '중국의 꿈中國夢'을 제창하며 5000년 역사를 강조했다. 그 역사 속에 머물던 고대 실크로드의 교류 정신은 현대로 전달되어 고대의 공간을 초월해 중국, 동아시아, 유라시아-아프리카 그리고 세계로까지 그 외연을 확장하고 있다.

중국은 유라시아 대륙 공간 위에 새겨진 실크로드라는 프레임으로 중국위협론을 불식하며 일대일로의 명분을 확보했다. 그리고 일대일로를 통해 협력과 상생에 중점을 두며 이익공동체, 운명공동체, 책임공동체 공동 건설을 제안했다. 또한 국내외 개발 정책을 연계하며 국제 자유무역회랑 건설을 추진하며, 모든 육해공 입체 교통의 길을 중국으로 통하게 하기 위한 공간 개발전략을 추진하고 있다.

중국 전 지역에서 시작하는 일대일로

중국은 일대일로와 연계성*을 통해 공간 베이스의 국제자유무역지대 건설을 추진하고 있다. 중국 내 일대일로의 시작점이 어디고, 그 범위가 어디까지인지 논쟁하는 것은 의미 없다. 실크로드 경제 벨트의 시작점은 중국 내륙 어디건 다 가능하고, 21세기 해상 실크로드 역시 중국의 해안 어디건 그 시작점이 될 수 있다. 중국 전 지역이 일대일로의 시작이다.

***연계성(Connectivity, 互聯互通)**
인프라 건설(Physical Connectivity), 무역 및 통관 제도 개선(Institutional Connectivity), 민간 교류 확대(People-to-people Connectivity)를 통한 역내 경제공동체 건설을 말한다. 2장 참조.

일대일로의 국내 범위

중국은 중국 전 지역을 연계성으로 개발하고 묶으며 일대일로로 진화해 나가고 있다. 중앙 차원에서 일대일로를 설계하고, 중앙에서 제시한 청사진에 따라 각 지방정부는 해당 지방의 특색에 맞는 지방 버전 일대일로 추진 계획을 수립하고 종합하며 중국 자체를 거대한 생명체로 만들고 있다. 또한 동부 연해와 내륙 각 지역의 경제 도시를 허브로 삼아 주변 지역과 주변국을 지형과 인프라에 따라 네트워킹하며 중국의 내부와 외부를 연결하는 작업을 진행하고 있다. 중국은 연계성에 따라 인프라 건설, 제도 개혁, 산업 조정 및 기능 배치, 기술 혁신, 인적 교류 등을 추진하며 그 영역과 범위를 점차 확대하고 세부적으로 연결하고 있다.

***일대일로 액션플랜**
2015년 3월 28일, 중국 국무원의 비준으로 국가발전개혁위원회, 외무부, 상무부 공동으로 발표한 '실크로드 경제벨트와 21세기 해상실크로드의 비전과 행동' 문서의 약칭이다.

중국 전 지역이 일대일로의 범위라는 내용은 일대일로 액션플랜*에도 명시되어 있다. 일대일로 액션플랜은 총 여덟 개 항목으로 구성된다. 이 중 여섯 번째 '중국 각 지방 개방 태세' 편에 지방 버전 일대일로의 방향이 설명되어 있다. 시진핑은 중국 전체 개발 계획을 업그레이드하고 모든 공간을 세부적으로 네트워크화 했다. 또한 각 지역의 특색에 따라 비교우위를 정하고 산업기능을 배치하며 서부, 중부, 동부를 유기적으로 연계했다. 이에 따라 일대일로 액션플랜에는 '서북·동북 지역', '서남 지역', '연해 지역 및 홍콩·마카오·타이완 지역', '내륙 지역' 등으로 중국 전체 지역과 중화권 지역까지 엮어 지방 버전 일대일로 추진 내용이 포함되어 있다. 중국은 지방버전 일대일로를 하나의 네트워크로 엮고 그 틀 위로 지역별 비교우위를 발휘해 중국의 전면 개방을 추진하고 있다. 이에 더해 국내 버전 일대일로를 국제 버전 일대일로와 결합시키면서 다층적 연계 네트워크를 디자인했다.

세 계단으로 나뉜 중국 지형

일대일로의 추진 방향을 이해하기 위해서는 우선 중국의 지형을 살펴볼 필요가 있다. 중국의 지형은 평평하지 않고 울퉁불퉁하다. 이런 입체적 지형에 따라 인프라를 건설해 주변국과 인프라를 연결하고 경제회랑 건설을 위한 계획을 마련했다. 중국은 이런 지형과 지역별 비교우위 및 산업 기능 그리고 주변 국가와의 물류 인프라 연결을 계산하여 역내 국가들과 공간 네트워크 플랫폼을 공동 건설해 국제 무역 패러다임 전환의 주도권을 선점하고자 한다.

중국의 국토 면적은 약 959만 6960제곱킬로미터이고, 해안 길이는 약 1만 8000킬로미터다. 중국의 지형은 전형적인 서고동저西高東低 형태로, 서쪽에서 동쪽으로 내려가는 계단형 모습을 보인다. 중국의 지형은 총 세 계단으로 나눌 수 있다.[2] 제1계단은 티베트[西藏]와 칭하이 성青海省 일대로 '세계의 지붕'이라 불리며 해발 4000미터 높이다. 중국은 주요 수원지이자 각종 자원이 풍부한 곳이라 이 지역을 중시한다. 제1계단은 북쪽으로 쿤산昆山 산맥, 치롄祁連 산맥, 동쪽으로 탕구라唐古拉 산맥, 남쪽으로 히말라야 산맥으로 둘러싸였으며, 중간에는 칭짱青藏 고원과 차이다무柴達木 분지로 이루어진다. 중국의 양대 강인 황허黃河 강과 창장 강이 칭하이 성에서 시작된다. 또한 동남아시아 국가의 젖줄인 메콩 강 역시 칭하이 성에서 발원한다.

제2계단은 해발 1000~2000미터로 분지나 고원으로 이루어진다. 제2계단에서 주목할 곳은 황투黃土 고원과 쓰촨四川 분지다. 황투 고원과 쓰촨 분지는 지리적으로 중앙에 위치해 중국 전체의 배꼽과도 같은 곳이다. 황투 고원은 황허 강이 지나는 곳으로, 이곳에 시진핑의 정치적 고향인 시안西安이 있다. 황투 고원은 실크로드의 주요 길목이다. 황투 고원 일대는 간쑤 성甘肅省의 허시후이랑[河西回廊, 허시쩌우랑(河西走廊)이라고도 한다]을 통해 신장웨이우얼자치구에 위치한 준가얼準噶爾 분지와 타리무塔里木 분지 일대의 오아시스 도시를 거쳐 서역으로 연결된다. 또한 서역과 중국 동부 연해 지역을 직접 연결하는 중요한 통로 역할을 담당한다. 장쑤 성江蘇省 롄윈강連雲港에서 출발하는 TCR(중국횡단철도)는 황투 고원과 허시후이랑을 거쳐 중앙아시아로 연결된다.

쓰촨 분지는 쓰촨 성 동부와 충칭 시 일대에 위치한다. 창장 강은 쓰촨 분지를 관통하며 상하이를 거쳐 동중국해로 흐른다. 쓰촨 분지는 이런 지리적 이점 덕에 중국 내륙 교통의 주요 요충지로 기능한다. 쓰촨 분지는 창장 강에서 태평양을 연결하는 내하內河-해운 복합 운송 라인, 허시후이랑과 연결하여 중앙아시아로 이어지는 서부 실크로드, 윈난 성雲南省·광시좡족자치구廣西壯族自治區·주장珠江 강 삼각주-동남아시아·남아시아로 연결되는 남방 실크로드, 티베트 라인-남아시아 라인과 직접 연결되는 지경학적 장점을 갖추고 있다.

쓰촨 분지에 창장 강이 있다면 황투 고원에는 황허 강이 있다. 창장 강과 황허 강은 모두 칭하이 성에서 발원하지만 각각 다른 특징을 가진다.

네이멍구 서부 실크로드 지역 어얼둬쓰

창장 강은 고산과 분지를 거치며 선박 운용이 가능할 정도의 수심을 유지하기 때문에 내하운송에 유리하다. 실제로 쓰촨 성 이빈宜賓-루저우瀘州-충칭重慶-우한武漢-난징南京-상하이를 주요 거점으로 연결하는 창장 강 내하운송로가 운영되고 있다. 반면 황허 강은 간쑤 성과 네이멍구內蒙古 등 사막 지역을 거치며 많은 모래와 흙을 머금고 있어 퇴적이 활발해 내하운송이 어렵다. 이런 면에서 쓰촨 분지가 황투 고원보다 더 좋은 지리적 조건을 갖추었다고 할 수 있다.

제3계단에 위치한 평원·구릉 일대는 중국의 동맥과도 같은 곳이다. 동부 연해는 중국의 대외 수출입 기지로서 대도시가 밀집해 있다. 중국이 개혁개방, 남순강화, WTO 가입 등을 거치며 높은 경제성장을 이룰 때 제3계단에 위치한 지역의 역할이 지대했다. 중국 동부 연해의 비약적인 발전은 서부지역의 험준한 지형으로 인프라 개발이 어려운 상황 속에서 해양의 인접성을 활용한 수출가공지대 개발과 화교 자본을 중심으로 한 해외 투자자 진입 등의 영향이 컸다. 동부 연해 지역은 항만의 발전과 함께 경제 거점 지역으로 성장했다.

중국의 해양은 발해만, 황해, 동중국해, 타이완 해협, 남중국해로 나눌 수 있다. 중국의 주요 경제권인 환발해만경제권(발해·황해), 창장 강 삼각주(동중국해), 주장 강 삼각주(남중국해) 지역이 주변 해양과 연결된다. 연해 경제권은 배후지와 직접 연결되는데, 환발해만경제권은 동북 3성·징진지京津冀(베이징·톈진·허베이성)·산둥 성山東省을 범위로 하며, 창장 강 삼각주는 상하이를 머리로 하는 창장 강 지역 일대, 양안경제밀집구는 푸젠 성福建省과 타이완의 연계, 주장 강 삼각주는 주장 강 지역 내륙과 홍콩·

마카오 지역과 연계되어 경제권을 형성한다. 동부 연해에 위치한 각 경제권은 다시 서부 내륙 지역과도 연결되며, 대외 수출입 통로 역할을 한다.

내륙 게이트웨이

중국은 지리적 특징을 토대로 각 지역을 서로 인프라로 연결하고 각기 비교우위에 따른 산업 기능을 부여했다. 중국의 입체적 지형 위로 인프라를 건설해 주변국과 인프라를 연결하고 경제회랑 건설을 위한 계획을 마련한 것이다.

일대일로 추진 과정에서 가장 주목받는 지역은 중국의 내륙 게이트웨이다. 중국의 주요 내륙 게이트웨이는 서부 실크로드 라인(신장웨이우얼-중앙아시아·남아시아·중동·러시아·유럽), 남방 실크로드 라인(윈난·광시좡족자치구-동남아시아·남아시아·환인도양경제권), 동북 지역 실크로드 라인(동북 3성-한반도·러시아·환동해경제권), 북방 실크로드 라인(네이멍구-몽골·러시아·유럽), 히말라야 라인(티베트-남아시아·환인도양경제권)이다.

이 다섯 개의 게이트웨이 중 신장웨이우얼, 윈난·광시좡족자치구, 네이멍구, 티베트 지역은 중국 중부에 위치한 황투 고원과 쓰촨 분지를 통과해 동부 연해 지역으로 연결이 가능하다. 동북 3성은 네이멍구 동부 지역과 함께 랴오닝 성遼寧省의 연해 경제 벨트와 직접 연결이 가능하고, 국경을 넘어 러시아의 극동 항만이나 북한의 동해 연안과도 연계할 수 있다. 동북 3성은 러시아와의 직접 연결로 유럽으로 통하는 경제 벨트로 발전이 가능하며, 중국 국내에서는 징진지 지역을 육로로 통과하거나 랴오닝 성 연해 항만을 통한 환황해경제권과 한반도 동쪽의 환동해경제권을 경유해 중국 남방 지역과의 연계도 가능하다.

중국의 다른 네 개의 게이트웨이와 다르게 제1계단에 위치한 티베트는 인프라 건설 환경이 녹록지 않다. 그러나 티베트 역시 일대일로의 중요한 게이트웨이로서 환인도양-창장 강 경제 벨트-환태평양을 연계하는 랜드브리지land bridge(해상운송과 육상운송을 결합한 운송) 건설 계획이 발표됐다. 중국의 내륙 게이트웨이는 창장 강 경제 벨트와 징진지 지역을 허브로 삼아 동부 연해와 서부·남부·동북 지역 등을 연계하는 방사형 네트워크의 모습을 보인다. 중국은 중국 전 지역을 하나의 네트워크로 연결하고, 다시 모든 지역을 유라시아 및 환태평양과 엮기 위한 전략을 구사한다. 중국은 국토 전역에 기능을 부여하여 하나의 생명체 같은 네트워크로 만들고 있다.

4대 경제블록

중국의 경제발전은 이런 지형적 특징과 개혁개방을 주도한 덩샤오핑鄧小平의 리더십이 결합되어 완성됐다. 덩샤오핑은 1979년 개혁개방 초기에 선부론先富論으로 동부 연해 우선 발전 전략을 실시하고, 1988년 양개대국론兩個大局論(제1국은 동부 지역을 말하고 제2국은 서부 지역 개발을 말함)을 주장해 동부 연해를 '세계의 공장'으로 발전시켜 서부대개발의 기본 틀을 마련했다. 이런 덩샤오핑의 개발 전략은 일대일로의 씨앗이 됐다.

장쩌민江澤民 시기에는 창장 강 삼각주 개발과 함께 2000년부터 서부

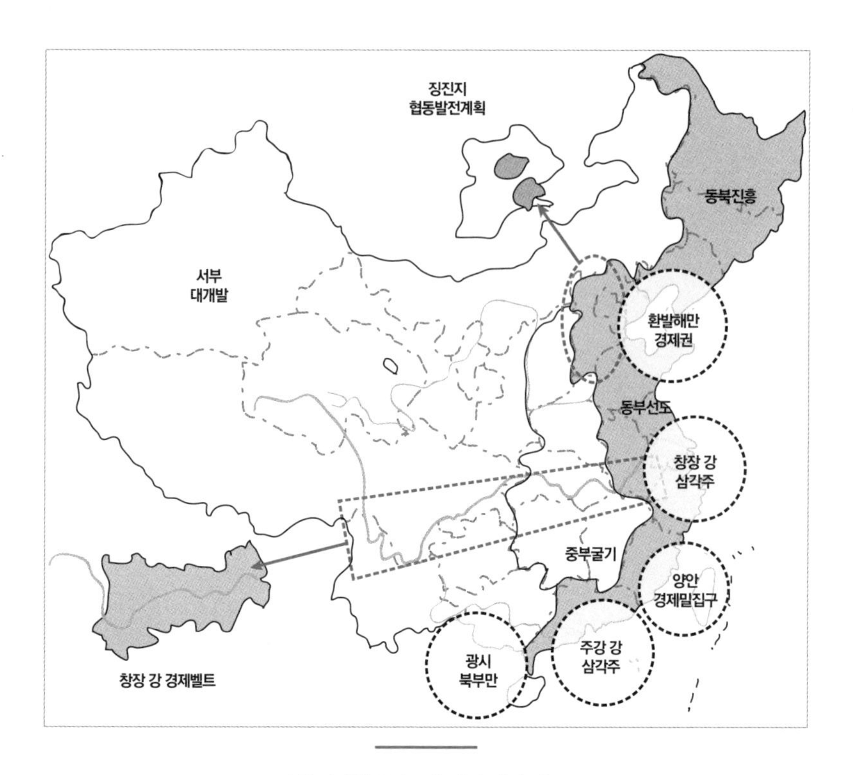

4대 경제블록과 3대 경제 지지 벨트

대개발을 실시하여 동부와 서부 지역을 연계하기 시작했다. 후진타오胡錦濤 시기인 2003년에는 동부 연해와 서부대개발 지역에 더해 동북 지역 개발 계획을 채택했다. 2006년 4월 후진타오 정권은 중부 지역을 국가개발 계획으로 추가로 지정하면서 네 개의 경제권 형태로 중국 전 지역을 구성했다. 중국은 제11차 5개년 경제개발계획(2006~2010년 계획)에 '동부선도東部先導', '서부대개발', '동북진흥東北振興', '중부굴기中部崛起'를 명시하여 개발 계획을 설계했다.

중국은 이 네 개의 경제권 내에 점조직으로 존재하던 지역을 인프라로 연결하고 중복된 산업 기능을 효율적으로 통합하며 중국을 더 큰 하나로 만들기 위한 작업을 진행했다. 중국은 이 네 개의 경제권을 '4대 경제블록四大板塊'이라 칭하고 각 지역경제의 일체화, 나아가 중국 전역을 하나로 묶는 작업을 추진 중이다.

3대 경제 지지 벨트

3대 경제 지지 벨트는 중국의 엔진과 같다. 3대 경제 지지 벨트란 '일대일로', '징진지 협동발전계획京津冀協同發展規劃', '창장 강 경제 벨트'를 말한다. 2014년 말 중국 중앙정부는 이 세 프로젝트를 2015년 중국 3대 국가급 개발 프로젝트로 선정했고,[3] 제13차 5개년 경제개발계획에도 '3대 경제 지지 벨트三个支撑带'로 지정해 4대 경제블록과 함께 추진 중이다.[4] 징진지 협동발전계획과 창장 강 경제 벨트는 중국 국내의 새로운 성장 엔진이자 개혁의 거점이다.

징진지 협동발전계획은 베이징北京(징京으로 약칭), 톈진天津(진津으로 약칭), 허베이 성河北省(지冀로 약칭)을 하나로 묶는 경제 개발 프로젝트다. 2014년 2월 시진핑이 수도권 개발이 국가의 중요한 프로젝트라 발언하면서 시작됐다. 징진지 지역은 베이징 중심의 수도권 경제권으로서 환발해만 경제권과 연결된다. 징진지와 환발해만경제권은 동북 지역 실크로드, 중국-몽골-러시아 북방 실크로드, 서부 실크로드 등을 하나로 묶어 21세기 해상 실크로드와 연계해 해륙 복합 운송의 허브 역할을 담당한다. 창장 강 경제 벨트는 창장 강을 따라 연결된 열한 개의 성·시(동부: 상하이·장쑤·저장, 중부: 안후이·후베이·장시·후난, 서부: 충칭·쓰촨·윈난·구이저우)가 포함된 프로젝트로, 총 면적 약 205만 제곱킬로미터이며 해당 지역의 인구수와 GDRP는 전국의 40퍼센트를 넘는다.[5]

창장 강 경제 벨트는 일대일로 전체 계획에서 큰 의미가 있다. 중국은 창장 강을 따라 서부대개발-중부굴기-동부선도 지역을 연결하며 중국 내륙과 해안을 연계한다. 또한 창장 강을 축으로 서부 실크로드, 히말라야 실크로드, 남방 실크로드를 연계하여 창장 강 삼각주를 통해 환태평양 경제권과 연결한다. 이 경제 벨트는 이미 1991년에 창장 강 삼각주와 창장 강 연해 지역 경제개발이 시작되어 2014년 국무원이 '황금 수도를 통한 창장 강 경제 벨트 발전에 대한 지도 의견'을 발표하면서 국가급 개발 프로젝트로 추진됐다.

창장 강 경제 벨트는 서부의 청위成渝(쓰촨과 충칭) 도시권, 창장 강 중류 경제권, 창장 강 삼각주 지역 등으로 구성된다. 청위 도시권은 서부대개발, 창장 강 중류 경제권은 중부굴기, 창장 강 삼각주는 동부선도에 해당하며, 각각의 지역이 교통 허브 지역이다. 중국은 창장 강 경제 벨트와 연해 지역을 'T 자형 개발 프로젝트'라 부르기도 하고 상하이를 중심으로 동부 연해를 활, 창장 강 일대를 화살로 묘사해 태평양으로 당겨진 활시위로 비유하기도 한다.

징진지 협동발전계획과 창장 강 경제 벨트의 공통점은 같은 지역의 입체적 교통 인프라 네트워크를 건설하며 상호 제도 개혁을 통해 같은 경제권으로 묶는 데 있다. 이는 일대일로의 축소판이며, 또한 중국의 2개

엔진이다. 중국은 3대 경제 지지 벨트를 통해 네 개의 경제블록과 주변 국가를 연계하며 중국 전체를 동아시아 네트워크 내 하나의 점으로 만들고 있다.

동아시아 네트워크 내 하나의 점으로

3대 경제 지지 벨트와 네 개의 경제블록은 이렇듯 서로 유기적으로 엮이면서 각각의 지역 특색에 맞는 맞춤형 지방 버전 일대일로를 준비했다. 또한 다섯 개의 내륙 국제 게이트웨이를 통해 주변국, 나아가 유라시아 대륙과 연계한다. 종합적으로 보면 다섯 개의 내륙 게이트웨이는 중국 동부 연해의 환발해만·창장 강 삼각주·양안경제밀집구·주장 강 삼각주 등 해양 진출기지로 연결되는 가운데, 징진지 일체화와 창장 강 경제 벨트가 중국의 서부, 중부, 동부를 관통하는 중추 역할을 담당하면서 중국의 네 개 경제블록 전반을 유기적으로 엮게 된다.

중국은 실제로 중국의 지형과 각 지역의 산업 기능을 계산해 경제 축과 경제 벨트의 개념을 제시하며 공간을 활용하고 있다. 18차 5중전회에서 '연해·연강沿江·연선沿線의 경제 축', 즉 지형을 중심으로 한 해양 라인, 강 라인, 내륙 골간 인프라 라인을 경제 축으로 제시한 것이다. '경제 축'이라는 개념은 연해, 연강, 연선의 지역을 축으로 삼아 마치 동맥에서 모세혈관이 펼쳐나오듯 주변 지역까지 마디마디 경제의 활력을 불어넣는 것을 의미한다.[6]

중국의 이러한 공간 활용 전략은 전국을 살아 있는 유기체처럼 척추,

뼈, 모세혈관으로 각각의 세포를 네트워크화하는 것이다. 동부 연해, 창장 강, TCR 일대는 중국 공간의 척추다. 일대일로, 징진지, 창장 강 경제벨트는 중국의 3대 국가 전략으로서 중국 공간 활용의 동맥이다. 중국 전역을 뒤덮는 4대 경제블록은 각각 유기적으로 엮이면서 모세혈관의 역할을 한다. 중국은 이렇듯 중국 전체를 하나의 경제권으로 엮으면서 국제사회와의 연계를 추진하고 있다.

일대일로는 어디까지인가

일대일로의 국제 범위는 액션플랜에 명시되어 있다(일대일로 액션플랜, 3. 사고의 틀). 일대일로에는 두 개의 축이 있는데, 한 축은 젊은이가 많고 제조업이 발전한 동아시아 경제권이고 다른 한 축은 소비시장이 크고 첨단기술이 발달한 유럽 경제권이다. 그 사이에 위치한 중앙아시아·서아시아·남아시아·중동·아프리카는 자원의 보고寶庫이자 저렴한 노동력이 존재하는 지역이면서 동시에 낙후된 인프라, 생산 시설, 혁신 기술 능력으로 경제발전의 잠재력이 존재하는 지경학적 요충지다.

동아시아와 유럽을 두 축으로 삼은 까닭은

중국은 동아시아와 유럽을 두 축으로 하는 일대일로 공간 네트워크 플랫폼을 구축하고 있다. 이 공간 네트워크 플랫폼 위로 교통 인프라, 원유

·천연가스 파이프, 산업 벨트 건설을 통해 자본·상품·서비스의 초국가적 협력을 활성화하려는 전략을 전개하고 있다. 일대일로의 내륙 범위는 유라시아·아프리카 대륙이며, 해양 범위는 중국 연해, 남중국해, 인도양, 페르시아 만, 지중해, 발트 해, 남태평양이다. 중국은 이를 국제 범위로 육·해·공을 망라한 입체적 물류 네트워크로 공간을 활용하며 국제자유무역지대 건설을 추진하고 있다.

세계 각 경제권의 GDP(기준물가구매력을 반영한 수치인 PPP 기준) 비중을 살펴보면 중국 17.2퍼센트, 유럽연합 16.9퍼센트, 미국 15.9퍼센트를 차지하고 있다(IMF의 2015년 기준 통계). 중국과 유럽연합의 높은 비중은 양 경제권이 일대일로의 두 축으로 설정된 이유를 보여준다. 즉 동아시아 경제권과 유럽 경제권의 규모가 유라시아·아프리카 대륙에서 가장 크고, 이 두 축의 자본으로 그 사이에 위치한 지역의 에너지자원, 인프라 건설 시장, 해외 상품시장, 저렴한 노동력 공급 등을 확보하며 두 축 간의 교두보를 마련할 수 있기 때문이다.

지구촌의 주요 경제체는 북미 경제권, 유럽 경제권, 동아시아 경제권의 세 축이다. 그렇다면 중국은 일대일로를 추진하면서 왜 동아시아와 유럽을 두 개의 축으로 삼았을까? 가장 큰 이유는 미국이 글로벌 전략을 전개하면서 대중국 견제 전략을 구사하기 때문이다. 오바마의 미국은 아시아 회귀 전략의 일환으로 환태평양 지역 내 일부 12개 국가와 TPP(환태평양경제동반자협정) 메가급 FTA를 체결해 중국의 경제력을 견제하는 전략으로 활용하고자 했다. TPP는 고高표준화 자유무역지대[7]를 구축해 진입장벽을 높여 중국의 가입을 사실상 억제하는 전략으로 설계된 것이다.

오바마는 TPP를 통해 글로벌 가치사슬(GVCs)*에서 중국과 경쟁 관계에 있는 베트남과 일본 상품의 가격 경쟁력을 향상시키고 미국 시장 접근성을 높임으로써 중국 경제를 견제하고자 했다.

***글로벌 가치사슬**(Global Value Chains)
원자재, 중간재, 완성품, 그리고 상품 가공과정에서 다양한 국가들이 각자의 비교우위에 맞춰 자원과 생산요소를 투입해 부가가치를 생성하는 것을 의미한다.

중국은 2001년 이후 높은 경제 성장세를 보이며 2010년에는 일본을 추월해 미국의 GDP를 추격하고 있다. 중국의 양대 수출 시장은 미국과 유럽연합이다. 미국은 무역불균형으로 중국에 일방적으로 손해를 보고 있다고 주장한다. 특히 2008년 세계금융위기 이후 대중국 견제의 목소리를 높였다. 중국이 낮은 가격의 상품 수출로 경제력을 신장해 해외 진출을 추진하고 에너지자원 개발, 해외 상품시장, 인프라 건설 시장의 확보와 세계 영향력 확장에서 미국과 경쟁한다고 판단한 것이다.

미국의 처지에서는 동맹국인 일본이 약세를 보이고 미국을 견제하려는 중국의 굴기가 불편한 요소로 작용했다. 오바마는 중국을 견제하기 위해 안보와 경제를 수단으로 삼아 중국을 견제하고자 했다. 오바마는 우선 태평양과 대서양을 미국의 양 날개로 삼아 양 해양을 중심으로 TPP와 TTIP(범대서양무역투자동반자협정)을 추진했고, 인도를 축으로 2011 실크로드 전략과 아시아 회귀 전략을 두 날개로 삼아 중국과 러시아를 상대로 봉쇄전략을 구사했다.

유라시아+아프리카에서 시작하다

중국은 일대일로의 국제 범위를 동아시아와 유럽을 두 축으로 하고 유라시아+아프리카를 일대일로 범위로 명시했다. 또한 일대일로에 그 이외의 지역이나 국가도 참여할 수 있다는 여지를 남겨두었다. 요컨대 중국은 일대일로를 누구나 참여 가능한 개방형으로 설정했지만, 미국의 대중국 견제로 유라시아와 아프리카를 국제 범위로 먼저 설정해 일대일로 건설을 추진하고 있다.

미국이 자유무역지대의 높은 진입 장벽을 형성하면서 중국은 자연스럽게 고립되어갔다. 중국은 WTO 가입 이후 대외무역 의존도가 높아졌고, 특히 양대 무역시장인 미국 및 유럽연합과의 경제·무역 관계가 더욱 중요해졌다. 이런 중국에 미국의 대중국 글로벌 경제 견제 정책은 큰 위기로 작용했다. 중국은 이를 타개하기 위해 내수시장 진작과 미국 이외의 다른 해외시장을 개척하는 한편, 물류의 효율성을 극대화하는 '공간 베이스의 자유무역지대'를 추진하게 됐다.

중국은 TPP가 중국 경제에 미치는 악영향을 최소화하기 위해 동아시아-남아시아 내 16개 국가로 구성된 RCEP(역내포괄적경제동반자협정, ASEAN+6)을 추진하는 한편, 제도에 의한 개방만이 아닌 공간 개발 협력을 추가한 '공간 베이스의 자유무역지대' 건설에 방점을 두어 접근하기 쉬운 지역부터 단계별로 일대일로의 밑그림을 그려 나가고 있다.

중국은 상대적으로 연계하기 쉬운 주변 국가부터 시작해 유럽 경제권과 직접 연계할 수 있는 중국의 서진西進(서부 실크로드)과 남하南下(남방 실크로드) 라인을 개발하고, 다시 아시아·태평양 경제권과 연계를 모색하면서 일대일로를 시작했다. 일대일로의 최종 목표는 국제 범위의 '공간 베이스 자유무역지대' 건설이다. 이를 위해 중국은 동아시아를 축으로 다른 지역까지 투자해 개발을 진행했다. 오바마의 적극적인 중국 봉쇄전략으로 시진핑은 동아시아를 축으로 한 유라시아·아프리카·남태평양 지역에 경제의 파이를 키워서 글로벌 표준화를 이끌어 미국의 봉쇄를 돌파할 뿐만 아니라, 미국과 아메리카 대륙이 중국 주도의 유라시아 버전 일대일로 참여를 희망하게 만드는 전략으로 일대일로 구상과 전략을 설계했다. 그래서 일대일로 액션플랜에는 유럽과 동아시아를 두 개의 축으로 삼는 유라시아·아프리카 경제권을 일대일로 국제 범위로 명시하되, 타 지역이나 국가 역시 참여가 가능하다는 모호한 표현을 추가한 것이다.

개방형 네트워크, 그 범위를 제한하지 않는다

일대일로는 개방형 네트워크다. 이에 대한 근거는 액션플랜의 내용에 담겨 있다. 일대일로는 '고대 실크로드 범위를 기본으로 하되, 그 범위를 제한하지 않는다'는 내용이 그것이다(일대일로 액션플랜, 2. 공동 건설 원칙). 앞서 일대일로 국내 범위에서도 일대일로는 고대 실크로드에 국한된 것이 아니라고 했다. 이는 국제 범위에서도 예외가 아니다. 중국은 고대 실크로드 이외의 공간에 위치한 국가, 국제 지역협력체 등도 포함될 수 있다고 액션플랜에 명시하면서 그 개방성을 강조했다. 이는 중국이 유라시아·아프리카 대륙에서 경제 파이를 키워 미국을 포함한 아메리카 대륙이 참여하도록 한다는 전략의 강한 근거가 되는 내용이기도 하다.

> 다자 협력 메커니즘의 역할을 강화한다. SCO(상하이협력기구), 중국-ASEAN(동남아시아국가연합) '10+1', APEC(아시아-태평양경제협력기구), ASEM(아시아유럽정상회의), ACD(아시아협력대화), CICA(아시아교류 및 신뢰구축회의), 중국-아라비아국가협력포럼(中阿合作論壇), GCC(중국-걸프협력회의) 확대, GMS(메콩 강 유역 경제협력체), CAREC(중앙아시아지역경제협력체) 등 기존의 다자간 협력 메커니즘의 역할을 발휘해 관련 국가와의 소통을 강화하고, 더 많은 국가와 지역이 '일대일로' 건설에 참여하도록 한다.
>
> - 일대일로 액션플랜, 5. 협력 메커니즘

액션플랜 중 '5. 협력 메커니즘'에 명시된 지역협력체를 살펴보면 진정한 일대일로의 국제 범위가 보인다. 만약 유라시아와 아프리카만 일대일로의 범위라면 APEC은 어떻게 설명해야 할까? 일대일로 액션플랜에 명시된 지역협력체 내 모든 회원국 수는 총 96개(홍콩, 타이완, 팔레스타인 포함, 수단은 남·북 수단으로 계산)다. 2016년 기준 국제연합(유엔)의 전체 회원국 수가 193개인데, 일대일로의 지역협력체 내 유엔 회원국은 전체 유엔 회원국 중 약 48퍼센트에 달한다. 한편 중국 정부 공식 홈페이지에서는 2016년 1월 일대일로 해당 국가가 60여 개국에 달한다고 밝힌 바 있는데,[8] 위의 수치는 일대일로 범위 내 국가 수가 60여 개라는 것과 차이가 있다.

주목할 점은 APEC에 미국과 일본도 포함된다는 것이다. 중국이 언급한 60여 개국은 일대일로를 제안한 이후 초기에 호응했던 국가 수였고, 위에 계산한 96개국은 중국이 액션플랜에 명시한 지역협력체 회원국 수다. 중국은 여기에 고대 실크로드 지역 이외에 참여를 원하는 국가는 모두 참여할 수 있다고 언급함으로써 세계 모든 국가가 일대일로 구상의 대상국임을 확인했다.

*영도소조(領導小組)
특수한 영역이나 이슈의 정책을 위해 중국 공산당과 국가기관들이 각 이슈별 전문 인력을 배치해 정책 방향 결정과 실무를 담당하는 종합적인 정책협의기구다.

중국은 또한 유엔과의 협력을 강화하면서 일대일로 구상을 세계의 지속 가능한 개발 의제로서 활용했다. 2016년 3월 유엔 안보리에서 일대일로 구상 내용을 S/2274호 결의에 포함시키며 일대일로가 처음으로 유엔 공식 문서 내용에 포함됐다. 중국과 유엔의 협력은 이어 2016년 9월 '쉬샤오스徐紹史 일대일로 건설추진공작 영도소조領導小組* 판공실'주임 겸 국가개발위원회 주임과 헬렌 클라크Helen Clark UNDP(유엔개발계획) 총재가 '중국과 유엔개발계획 간의 실크로드 경제 벨트와 21세기 해상 실크로드 건설의 MOU 체결'에 서명하면서 일대일로 구상의 유엔 내 지위가 더 공고해졌다.[9] 2016년 9월 제71차 유엔총회에서 제 A/71/9호 결의가 유엔 회원국의 만장일치로 채택됐는데, 결의 내용 중 일대일로 구상을 환영하며 이를 통해 아프가니스탄 지역 경제발전을 제공해야 한다는 내용이 포함됐다.[10] 중국은 국가 전략으로서의 일대일로뿐만 아니라, 글로벌 연계성 구상으로서의 일대일로를 꾸준히 확장해왔다. 일대일로의 외연은 끝없이 넓어져 전 세계를 향하고 있다. 중국은 이렇듯 '세계의 꿈'으로서의 '일대일로 구상'을 유엔과 협력함으로써 그 입지를 공고히 하고 있다.

'중국의 꿈'이 '세계의 꿈'으로

중국은 일대일로 액션플랜에서 소개된 지역협력체를 주요 정책소통 플랫폼으로 활용하며 중국을 교집합으로 한 연계성을 추진하고 있다. 중국은 공식적으로는 중국을 머리로 하는 고대 실크로드를 몸으로 삼고 환태평양과 환인도양을 두 날개로 삼는 '유라시아판 일체양익一體兩翼' 전략을 구사하는 한편, 실질적으로는 ASEAN+1(중국)을 축으로 왼쪽은 SCO-ASEM-CICA, 오른쪽은 APEC으로 연결해 '국제판 일체양익' 전략을 동시에 구사하고 있다.

유라시아판 일체양익 전략은 오바마의 대중 견제 전략을 벗어나 미국을 제외한 유라시아·아프리카 대륙 공간 베이스 경제권을 형성하겠다는 중국의 전략이며, 국제판 일체양익 전략은 최종적으로 아시아·태평양 지역, 미국과 중남미를 포함한 글로벌 연계성 구상이다. 요컨대 중국은 국내, 유라시아·아프리카, 글로벌 버전 등 세 층위의 일대일로를 동시에 추진 혹은 타진하면서 관련 사업을 진행 중이다.

일대일로는 시진핑이 2012년 11월에 중국의 지도자가 되면서 처음 꺼냈던 '중국의 꿈'과도 밀접한 관련이 있다. 시진핑의 '중국의 꿈'이 '세계의 꿈'으로 연결된다는 프레임이 그렇다. 중국이 먼저 꿈을 이야기하고 이 꿈이 주변 국가, 나아가 전 지구 범위 내 각 국가의 꿈과 함께 연결되어 세계의 꿈을 이룬다는 것이다. 중국은 '세계의 꿈'으로 일대일로 구상을, '중국의 꿈'으로 일대일로 전략을 추진하는 복잡 네트워크로서 일대일로를 추진하고 있다.

일대일로는
5통이다

2장

일대일로의 뼈대: 공간 네트워크 플랫폼

> 일대일로와 연계성은 서로 융합되어 가깝고, 상호 보완하며 형성된 것이다. 일대일로를 아시아의 비약하는 두 개의 날개로 비유한다면, 연계성은 그 두 개의 날개를 연결하는 혈맥과 같다.
>
> - 시진핑, 베이징 연계성 파트너 관계 강화 회담, 2014년 11월 8일[11]

시진핑 중국 국가주석은 2013년 9월 7일 카자흐스탄 나자르바예프 대학에서 실크로드 경제 벨트와 함께 5통五通을 처음으로 제안했다.[12] 5통은 정책구통政策溝通, 시설련통設施聯通, 무역창통貿易暢通, 자금융통資金融通, 민심상통民心相通을 칭하는 용어로, 일대일로의 운영 메커니즘을 말해주는 핵심 내용이다. 5통은 다시 세 개의 플랫폼으로 구성된다.

첫째는 공간 네트워크 플랫폼(시설련통·무역창통·민심상통), 다른 말로 연계성이다. 둘째는 금융·융자 플랫폼(자금융통)이고, 셋째는 정책소통 플랫폼(정책구통·민심상통)이다. 일대일로를 하나의 생명체로 비유한다면 공간 네트워크 플랫폼은 일대일로의 뼈대이자 혈맥, 금융·융자 플랫폼은 일대일로의 심장, 정책소통 플랫폼은 일대일로의 두뇌다. 다시 말해 5통은 일대일로 운영의 핵심이다.

호련호통, 서로를 연결해 통하게 하다

일대일로는 '공간을 베이스로 하는 자유무역지대'를 건설하기 위한 구상이다. 공간 네트워크 플랫폼은 일대일로의 뼈대이자 혈맥이다. 이런 공간 네트워크 플랫폼을 지칭하는 전문 용어가 있다. 바로 '연계성'이다. 연계성은 영어로 'connectivity', 중국어로는 '호련호통互聯互通'으로 표현한다. 이를 직접 번역하면 서로를 연결해 통하게 한다는 뜻이다.[13] 시진핑은 일대일로와 연계성을 두 개의 날개와 이를 잇는 혈맥으로 비유하면서 일대일로에서 연계성이 핵심 내용임을 강조했다.

연계성이란 국경(육·해·공 입체적 의미의 국경, 즉 통상구·항구·공항 등)으로 막힌 공간에 인프라 건설, 통관 절차 간소화를 포함한 무역·투자 편리화 강화, 인적 교류를 활성화하여 국경을 초월한 국제 산업 벨트를 만들어 지역 내 경제공동체를 형성하는 것이다. 다시 말해 고효율의 물류 네트워크를 건설해 각자의 비교우위 요소 교류를 확대하여 규모의 경제를 실현하는 것이다.

연계성 개념은 오래전부터 존재했다. 1830년대 독일의 경제학자 프리드리히 리스트Friedrich List는 철도망 건설과 관세동맹을 주장하며 독일의 경제 통일을 위한 기반을 마련했는데, 이 역시 연계성과 유사한 개념이다. 20세기 초에는 열강의 식민지 건설 경쟁으로 국제 물류 운송 라인이 구축됐으며, 당대 열강 위주의 착취형 인프라 건설과 경제 단일화가 진행됐다. 연계성은 프리드리히 리스트의 개념을 글로벌 단위로 계승한 것이라고 할 수 있다. 또한 인프라의 의미가 '착취'에서 '교류·화합'으로 전환되면서 '공간을 베이스로 한 세계화'라는 개념으로 국제사회에 등장했다.

ADB가 처음 제안, 중국의 국제 개발 전략으로 발전

연계성은 2008년 ADB(아시아개발은행)에서 처음 제안한 개념이다. 더글러스 브룩스Douglas H. Brooks는 ADB 보고서에서 하드 인프라(도로나 철로 같은 물리적 인프라)와 소프트 인프라(통관 절차와 같은 제도적 인프라) 개선, 민간 교류 확대로 무역 비용을 줄인다면 시장 활성화와 지역경제 통합을 실현할 수 있다고 제안했다.[14] 당시 ADB 총재인 구로다 하루히코黑田東彦는 2009년 브룩스의 연계성 개념을 수용하여 아시아 지역의 경제 통합을 위한 메커니즘으로 제안했다. 그는 양자 혹은 다자간 허브를 연결하는 하드·소프트 인프라를 건설해 국제 경제벨트를 형성해야 한다고 주장했다.[15]

2010년 10월 ASEAN(동남아시아국가연합)은 연계성을 국제사회에서 처음으로 채택했다. 이와 함께 CAREC(중앙아시아지역경제협력체), SAARC(남아시아지역협력연합)[16] 등도 연계성 액션 플랜을 발표했다. 동남아시아, 중앙아시아, 남아시아 등 중국을 둘러싼 국제 지역이 ADB를 포함한 다자개발은행의 지원하에 연계성을 채택한 상황이었다. 또한 ASEAN 10개 회원국 중 일곱 국가가 APEC에 참여 중인데, 아태 지역 내의 연계성을 건의해 2013년 인도네시아 발리, 2014년 중국 베이징 APEC 정상회담에서 연계성을 채택했다.[17]

중국 역시 2011년 ASEAN의 연계성을 지지하며 'ASEAN+1(중국)' 협력 내용에 연계성을 포함했다.[18] 중국은 연계성을 통해 동남아와 연결하여 남방실크로드·남태평양·인도양 진출의 교두보를 확보했다. 중국이 중국 주도로 연계성을 정식으로 추진하겠다고 발언한 시점은 2012년 11월 제18차 전국대표대회였다. 당시 후진타오 국가주석은 중국 중앙군사위원회 주석, 중국공산당 총서기, 중국 국가주석 직을 모두 시진핑에게 위임하는 자리에서 중국의 연계성 추진을 역설했다. 후진타오는 중국이 경제위기 관리 능력을 키우며 양자, 다자, 지역별 FTA에 적극적으로 참여해 주변국과 연계성을 추진해야 한다고 주장했다.[19] 그리고 2013년 일대일로를 제안하면서 연계성을 전면 수용했다. 이렇듯 일대일로 공간 연결 전략인 연계성은 중국의 창작품이 아니라 ADB의 방안을 토대로 종합적인 국제 개발 전략으로 발전된 것이다.

경련통, 연련통, 인련통의 삼위일체

중국은 앞서 ADB가 제시한 연계성의 핵심 개념, 물리적 인프라 연계성, 제도적 연계성, 민간교류연계성을 수용하고, 여기에 정책소통 플랫폼(거버넌스) 개념과 금융·융자 플랫폼 건설을 추가하면서 다섯 개의 통通, 즉 5통의 개념을 정립한다. 시진핑이 처음 5통의 개념을 제안했을 때는 정책구통(정책소통 플랫폼), 도로련통道路聯通(물리적 인프라 연계성), 무역창통(제도적 연계성), 화폐유통貨幣流通(금융·융자 플랫폼), 민심상통(민간교류연계성)이었다.[20]

시진핑은 그러나 2014년 11월 '연계성 파트너 관계 강화 대화'에서 도로련통을 시설(인프라)련통으로, 화폐유통을 자금융통으로 수정했다. 도로를 시설(인프라)로, 화폐를 자금과 금융으로 그 범위를 확장하기 위해서였다. 시진핑은 같은 회의 자리에서 5통을 기반으로 '경련통硬聯通, 연련통軟聯通, 인련통人聯通'이 삼위일체를 이루어야 한다고 강조했는데, 이는 하드 인프라 연계성, 소프트 인프라 연계성, 민간교류 연계성을 지칭한 것이다.[21] 중국은 연계성을 통해 국내 개발 계획, 중국 주변국, 나아가 동아시아 전체, 다른 대륙과의 공간 네트워크 건설을 추진하고 있다.

공간 베이스 자유무역협정 모델을 추구하다

연계성은 금융 중심 세계화 방식의 시장개방과는 다르게, 인프라 건설과 민간 교류 분야까지 포함한 자유무역협정 모델을 추구한다. 공간에 자금이 흐르면 인프라가 생기고, 서로 다른 제도를 연계해 원-스톱으로 국경을 통과하면 그 인프라를 타고 흐르는 물류의 속도에 가속이 붙고, 그렇게 서로 연결된 공간 플랫폼 위로 관광·의료·교육·학술 분야 등의 민간 교류가 활발해진다. 동네 놀이터에 미끄럼틀이 있고 시소가 있어서 아이들이 그 공간 조건에 맞추어 놀이하듯, 공간 플랫폼 위에서 정부·기업·개인 등 다양한 주체가 활동할 수 있게 된다.

중국은 일대일로를 통해 이런 공간 네트워크 플랫폼(연계성)을 채택하여 미국 위주의 세계화가 아닌 각 지역의 특색을 중시한 세계화의 국제 흐름 속에 참여하게 됐다. 중국은 국제지역협력체 같은 정책소통 플랫폼을 활용하고, 미국과 유럽 중심으로 형성된 세계금융 시스템의 질서 안에서 화폐 사용과 국제금융기구의 다원화를 추진하며 '공간 베이스의 자유무역지대' 건설을 추진하고 있다.

또한 연계성에 따라 물류의 시간과 비용을 절감하여 효율적인 물류 공급 체인을 완성하고, 그 물류 공급 체인을 따라 각자가 상대적으로 유리한 생산요소를 투입해 비교우위 베이스의 산업 체인을 형성한다. 그리고 이를 통해 각 국가 혹은 각 지역의 원자재, 중간재, 가공 작업 등을 종합해 완성품을 만드는 글로벌 가치사슬을 형성하는 시스템을 디자인했다.

중국은 얼리 하비스트 전략Early Harvest(쉬운 것부터 시작하여 조기에 성과를 도출한다)을 추진하며 민감한 영역과 지역은 뒤로 미루며 일대일로를 점진적으로 진행하고 있다. 시진핑은 일대일로가 아시아 비약의 두 날개이고 연계성이 혈맥이라고 했는데, 이는 연계성을 근거로 한 것이다. 연계성은 그 자체로 일대일로의 틀을 구성하는 뼈대이며 혈맥이다.

일대일로의 심장: 금융·융자 플랫폼

2015년 중국의 최대 정치 행사인 양회兩會 기간 중에 한 외국 기자가 이런 질문을 했다. 중국은 일대일로와 마셜 플랜을 비교하는 것에 대해 어떻게 생각하는가? 왕이王毅 중국 외교부 부장은 이 질문에 일대일로는 마셜 플랜보다 오래되기도 했고 최신 버전이기도 하다면서 마셜 플랜과 함께 논할 수 없다고 말했다. 일대일로를 논하는 데 제2차 세계대전 직후에 실시된 마셜 플랜이 왜 화제가 된 것일까?

일대일로는 중국판 마셜 플랜인가

왕이웨이王义桅 런민人民 대학 교수에 따르면, 2009년 〈뉴욕 타임스〉에서 중국의 해외 진출 전략을 마셜 플랜과 비교했고, 2013년에 일대일로가 발표되면서 그것이 '중국판 마셜 플랜'으로 회자됐다.[23] 실제로 2009년

11월 3일 〈뉴욕 타임스〉에 '베이징의 마셜 플랜'이라는 제목의 글이 실렸는데, 2008년 세계 금융위기 이후 중국의 대외전략 전반이 바뀌게 될 것이라는 내용이었다.[24] 《새로운 실크로드The New Silk Road》의 저자이기도 한 벤 심펜도퍼Ben Simpfendorfer는 중국의 쩌우추취走出去(해외 진출) 전략 그리고 중국의 새로운 대외원조와 투자 전략이 마셜 플랜과 비슷하다고 본 것이다.

시진핑은 실제로 2013년 정식으로 '실크로드 경제 벨트'와 '21세기 해상 실크로드' 공동 건설 그리고 AIIB(아시아인프라투자은행) 설립을 제안했고, 이후 일대일로가 중국판 마셜 플랜이라는 말이 유행하게 됐다. 그러나 왕이 부장과 왕이웨이 교수를 포함한 다수의 중국 전문가는 마셜 플랜과 일대일로가 다르다고 주장한다. 일대일로는 중국판 마셜 플랜일까? 마셜 플랜은 어떤 의미를 갖고 있는 것일까? 중국은 왜 일대일로와 마셜 플랜이 다르다고 하는가? 이 대답 속에 일대일로의 '자금융통' 전략이 있다.

애초에 중국판 마셜 플랜을 주장한 쪽은 〈뉴욕 타임스〉가 아니라 중국의 전문가였다. '베이징의 마셜 플랜'이라는 기사에서도 언급했듯, 중국 전국정치협상회의 위원이자 중국 세무사협회 회장인 쉬산다許善達는 2009년 8월 한 포럼에서 중국식 마셜 플랜을 추진해야 한다고 주장했다. 쉬산다는 중국이 WTO(세계무역기구)에 가입한 2001년부터 2008년까지 높은 경제성장을 실현하며 높은 대외준비자산을 축적했는데, 2008년 미국발 세계 금융위기로 자본과잉과 생산과잉의 문제에 직면했다고 주장하며 '중국판 마셜 플랜'이 필요하다고 역설했다. IBRD(국제부흥개발은행)

데이터에 따르면, 중국의 대외준비자산은 실제로 2001년 0.22조 USD에서 2008년 1.966조 USD로 793.6퍼센트 증가한 상황이었다.

2008년 경제위기로 중국의 주요 수출 대상인 미국과 EU(유럽연합)가 흔들리면서 중국 내 재고가 축적됐다. 또한 미 달러화가 불안정해지면서 달러 중심의 중국 외환보유고의 리스크도 상승했다. 미국 FRB(연방준비이사회)는 2008년부터 2012년에 걸쳐 미국 경기 부양 목적으로 세 차례 양적완화를 발표하며 미국 국채와 모기지 채권 등을 매입했고, 달러를 시중에 풀면서 달러 가치를 떨어뜨렸다. 경제위기의 당사국인 미국은 안정적인 금 보유량을 유지하면서 기축통화인 달러 유동성을 조절할 능력까지 갖춰 위기를 벗어날 수 있었지만, 그렇지 못한 중국은 미 달러 의존도가 높은 상황에서 미 달러의 불안정성이 확대되자 세계금융위기가 더 큰 리스크로 다가왔다.

쉬산다는 이를 해결하고 중국 상품과 서비스 내수시장을 확장하기 위해 미국이 마셜 플랜을 통해 제2차 세계대전 이후 서유럽에 지원했던 것처럼 중국 역시 중국판 마셜 플랜을 진행하자고 주장했다.[25] 저우샤오촨周小川 중국인민은행 행장은 2009년 3월 중국의 외환보유액이 세계 1위인 것을 이용해 세계 금융위기 속에 달러 중심의 외환보유고를 효율적으로 활용하기 위한 방안을 제안했다. 더불어 국부펀드 조성, 인민폐 국제화, 인민폐 SDR(특별인출권, Special Drawing Rights) 통화 바스켓 포함, BRICs(브라질·러시아·인도·중국·남아프리카공화국) 주도 개발은행(NDB) 설립 등을 제안했다.[26]

진중샤金中夏 당시 중국인민은행 금융연구소 소장이 2012년 11월 국제경제포럼에 기고한 글을 통해 이런 주장을 종합해 일대일로의 기반을 닦았다. 그는 중국이 비교우위를 가진 중장비업과 인프라 건설 업체의 해외 진출 경쟁력을 높이기 위해 국가 재정의 일부를 기금(실크로드 기금)으로 마련하고, 다자개발은행(AIIB)을 설립하며, 외교부와 상무부까지 포함한 중국의 국제 전략 태스크포스 팀을 구성하자고 제안했다.[27] 이렇듯 중국의 마셜 플랜을 제안한 쪽은 분명 중국 측이었는데, 2013년 이후 일대일로와 마셜 플랜의 비교를 경계하는 쪽도 중국 측이었다.

운영 체계만 같을 뿐, 패권을 추구하지 않는다

일대일로와 마셜 플랜이 다르다고 주장하는 중국 측 전문가는 추진 배경, 목표, 결과에서 그렇다고 강조한다. 다만 일대일로와 마셜 플랜의 운영 메커니즘이 관련 있을 뿐이라는 것이다. 중국은 실제로 마셜 플랜의 운영 시스템과 유사하게 금융·융자 플랫폼을 마련하기 시작했다. 중국은 IBRD, ADB와 비슷한 운영 시스템의 BRICs 은행(NDB)과 AIIB 등의 다자개발은행을 설립하고, 외환보유고를 활용한 국부 펀드 설립, 중국 정부 재정 범위 내에서 400억 달러 규모의 실크로드 기금 마련, 인민폐 국제화, 인민폐 SDR 바스켓 포함을 통한 투자와 무역거래 활성화 등을 추진하며 일대일로의 자금융통을 구축하고 있다. 일대일로의 추진 배경과 목표는 마셜 플랜과 다르지만, 그 운영 체계에는 공통점이 있었던 것이다.

2013년 이후 중국의 주류 학자가 일대일로와 마셜 플랜이 다르다고 말하는 공통된 이유는 시대적 배경이다. 중국 측 전문가의 주장을 살펴보면, 미국은 마셜 플랜을 통해 소련 중심의 공산 진영 확장을 억제하고 결과적으로 1949년 NATO(북대서양조약기구)를 창설해 군사적 패권을 추구했다는 것이다.[28] 반면 일대일로는 패권을 추구하지 않고 이데올로기를 통한 갈등 구조를 만들지 않는다는 점을 역설하면서, 연계성을 통한 공간 베이스의 자유무역지대 형성을 목표로 한다고 주장한다. 중국은 실크로드 경제 벨트와 21세기 해상 실크로드를 추진하면서 미국이나 유럽에서 주장하는 '중국 위협론'을 조기에 차단하고 주변국과 이해관계를 조정하면서 마셜 플랜의 운영 메커니즘을 활용한다는 것이다.

중국은 미국, 일본, 유럽 등 강대국의 대외개발 메커니즘을 모태로 삼아 금융·융자 플랫폼을 형성했다. 그러나 중국은 외환위기 직후인 2009년부터 높은 경제성장률과 외환보유고를 토대로 강대국이 국제무역 시장의 영향력을 장악하는 과정을 연구하고 복잡하게 얽혀가는 현대 국제사회 네트워크에 맞춰 전략을 변형해갔다. 쉬산다, 저우샤오촨, 진중샤 등 중국의 내로라하는 경제·금융 관료의 중국판 마셜 플랜 주장은 영국과 미국의 패권 전환, 미국의 세계경제체제 구축 과정, 그리고 일본의 ADB 설립 및 운영 체계 등을 종합 분석한 내용을 전제로 한 것이었다.

일본 주도의 ADB를 모델로

마셜 플랜과 함께 일대일로에 직접 영향을 준 것은 ADB다. 시진핑은 2013년 10월 2일 인도네시아 자카르타에서 AIIB 설립을 제안했다. 시진핑은 ASEAN의 본부가 자카르타에 위치한 것과 2013년 9월 카자흐스탄에서 실크로드 경제 벨트 건설을 제안한 것을 감안해 ASEAN 측에 21세기 해상 실크로드 공동 건설과 더불어 아시아 역내의 인프라 건설 투자를 위한 은행 설립을 제안했다.[29]

시진핑의 이런 구상은 일본 주도의 ADB와 상당 부분 겹쳤다. 한국전쟁 이후 일본 역시 일대일로 추진 시기의 중국과 비슷한 상황이었다. 한국전쟁으로 경제를 회복한 일본은 반공을 앞세우며 미국-일본-동남아시아·남아시아 진영을 엮는 '아시아판 마셜플랜'을 주장했고, 베트남 전쟁을 계기로 미국의 기금을 받아 ADB를 설립했다. 일본은 미국의 양차 세계대전 상황처럼 한국전쟁과 베트남 전쟁을 거치면서 경제 회생에 성공하며 다자개발은행 설립, 개발기금 조성, ODI(해외직접투자)·ODA(공적개발원조) 확대 등을 종합해 국내에 누적된 자본과 과잉생산을 해결하고자 했다. 당시 일본의 국제자금 운영 방식과 정부-민간 협력 방식(PPP)의 글로벌 개발 전략은 그 기능 면에서 일대일로의 모태라 할 수 있다.

다시 말해 미국은 양차 세계대전, 일본은 한국전쟁과 베트남 전쟁에 이어 높은 경제성장을 이루며 자본금 축적과 생산 라인 구축을 실현할 수 있었다. 달러 중심의 외환보유고 축적과 생산 라인의 과잉생산을 해결하기 위한 방법으로 미·일은 글로벌 금융 시스템을 마련하고 개발원조를 진행하며 위기를 극복했다. 더 자세히 들어가면, 미국은 IMF, IBRD, 국제무역기구(GATT, WTO) 등의 국제기구, 일본은 ADB를 통해 새로운 인프라 건설 시장을 개척하고 또한 상품시장을 개척해 과잉생산 품목을 해소했다. 미국은 막강한 내수시장과 함께 서유럽의 경제 회복을 도와 새로운 미국의 상품시장을 형성했다. 일본은 냉전 상황을 이용해 미국의 기금을 아시아로 유용하고 반공 진영 구축을 위한 일본-동남아시아·남아시아-미국을 연계하는 발전 전략을 구사해 미국의 자본, 일본의 기술 그리고 동남아시아·남아시아의 노동력을 활용한 생산 라인을 구축했다.

미국과 일본은 여유 있는 자본과 상품을 통해 해외에 투자하고 새로운 시장을 형성해 자국의 건설 원자재, 중장비, 소비재를 판매했으며, 건설 기업이 직접 진출하여 인프라 건설 사업에 참여하기도 했다. 정부는 외교력과 경제력으로 대외 진출 플랫폼을 마련해주고, 기업은 산업은행이나 수출입은행이 제공하는 낮은 이자의 대출금으로 정부가 제공한 플랫폼 위에서 높은 수준의 건설 사업에 참여할 수 있는 운영 시스템을 구축한 것이다.

일본이나 서유럽 국가는 미국의 동맹국으로서 중국보다 쉽게 해외 자본을 유치할 수 있었다. 중국은 13억 내수시장을 담보로 화교 네트워크를 통해 해외 자본을 유치하며 높은 경제성장률을 실현해 생산 라인 확충과 자본 축적을 진행할 수 있었다. 축적된 외환보유고와 상품 생산 라인을 통해 미국과 일본이 국제경제 네트워크를 장악할 수 있는 플랫폼을 마련한 것처럼 중국은 일대일로의 자금융통을 구축해 주변 국가를 시작으로 연계성을 통해 동아시아 경제권을 묶고 유럽, 아프리카, 환태평양을 포함한 세계 전역을 연결하기 위한 동력을 마련하고 있다.

경제에서는 주도권, 다른 생태계는 구동존이

2009년 중국 측 전문가가 말한 중국판 마셜 플랜이 세계 1위의 외환보유고와 과잉 생산된 상품을 해외로 보낼 수 있는 쩌우추취 전략이었다면, 2013년 이후 그들이 부정하는 중국판 마셜 플랜은 이런 플랫폼 이후 만들어진 NATO와 같은 군사안보공동체 운영을 통한 패권의 길이었다.[30] 중국의 일대일로 전략은 경제에서 주도권을 확보하되, 그 위에 정치·사회·문화라는 생태계는 구동존이求同存異(동질성을 추구하되 상이함을 인정함)로 이어가겠다는 것이다.

중국은 AIIB를 통해 IBRD나 ADB를 대체하려는 것이 아니라, 때로는 경쟁하고 협력하며 연계성을 추진하려는 것이다. 자국 주도의 금융·융자 플랫폼을 통해 동아시아를 축으로 한 대외원조와 개발을 진행하고, 유럽·아프리카·아메리카·환태평양 일대의 지역경제협력체 혹은 각 지역의 다자개발은행 개발 프로젝트에 직접 참여해 개발·원조를 진행함으로써 일대일로라는 글로벌 네트워크를 구축하고 있다. 이런 의미에서 일대일로는 중국판 마셜 플랜이기도, 그렇지 않기도 하다.

중국은 일대일로를 전개하기 위한 자금 관리 방식, 즉 2008년 금융위기 때부터 높은 외환보유액을 어떻게 활용할 것인지를 고민했다. 문제는 기축통화의 본국인 미국의 위기였고, 그 위기가 유럽으로 확대됐다는 점이다. 중국은 다자개발은행, 해외 펀드 발행, 국가 기금 마련 등으로 자금을 해외로 이전하고, 해외 직접 투자와 지원을 늘리며 새로운 해외시장을 개척했다. 동시에 중국 서부에 대한 투자를 늘려 낙후된 지역을 연결하는 인프라 건설과 산업화·도시화를 진행하며 내수시장 확장에 나섰다.

중국은 연계성을 받아들여 하드 인프라 연계성, 소프트 인프라 연계성, 민간교류연계성 건설 및 개선을 진행함과 동시에 국제 금융 플랫폼을 구축하여 정부 주도의 자금융통을 진행했다. 이를 통해 새로운 자본 투자처와 상품시장을 개척할 수 있었다. 일대일로는 미국의 뉴딜 정책(개혁) 그리고 마셜 플랜(쩌우추취)과 그 맥을 같이 한다. 중국은 여기서 멈추지 않고 인민폐의 국제화를 추진했다.

자금융통의 핵심, 인민폐의 국제화

자금융통의 화룡점정은 인민폐의 국제화다. AIIB, BRICs 은행, 실크로드 기금 등이 중국의 일대일로 금융·융자 플랫폼으로서 인체의 심장에 해당한다면, SDR 바스켓에 포함된 인민폐는 일대일로를 세계 범위로 펼칠 혈액에 해당한다.

SDR은 브레턴우즈 체제 종식 이후 달러가 금과의 태환에서 벗어나게 되면서 화폐의 유동성을 유지하기 위해 시작한 가상 통화로서 국제준비자산이다.[31] IMF 자료에 따르면, 2016~2020년 SDR 바스켓 내 화폐 비율은 미 달러(41.7퍼센트), 유로화(30.9퍼센트), 인민폐(10.9퍼센트), 엔화(8.3퍼센트), 파운드(8.1퍼센트) 등으로, SDR 바스켓은 국제사회에서 안정적으로 사용되고 거래되는 화폐를 중심으로 구성된다. IMF 회원국이 경제위기나 국제수지 불균형에 직면했을 때 SDR의 화폐로 다른 회원국에게 원하는 화폐를 인출할 수 있는 권리를 의미한다.[32] 중국 인민폐는 2016년 10월 1일부터 SDR 바스켓 내 통화로 포함됐고, 중국은 SDR 바스켓을 현 기축통화인 달러 견제 카드로 모색하고 있다.

국제통화 시스템에 위기가 온 것은 역시 2008년 미국발 금융위기였다. 미국의 경제·정치 위기가 기축통화와 세계시장의 위기로 직결되자 세계는 SDR에 관심을 보였다. 2009년 3월 저우샤오촨 중국인민은행 행장은 한 국가의 상황에 따라 결정되는 기축통화(USD) 시스템에서 벗어나 SDR를 통해 국제통화 시스템을 재건해야 한다고 주장했다.[33] 2009년 4월 후진타오 당시 중국 주석은 영국 런던에서 개최된 G20 금융 분야 정상회담 중에 IMF는 기축통화를 발행하는 경제체의 거시경제 감독·관리를 강화해야 한다면서 국제통화의 다원화와 합리화를 주장했다.[34] 이런 주장은 중국 내 중국판 마셜 플랜에 대한 제안이 시작되던 비슷한 시기에 나온 말이다.

SDR 바스켓 합류 속 숨겨진 전략

중국은 인민폐의 SDR 진입을 위해 2014년과 2015년 환율, 금리, 금융 분야에서 개혁개방을 단행했다. 무역, 금융, 투자 분야에서 국제사회 내 인민폐의 유동성을 확장함으로써 SDR 바스켓 합류에 노력한 것이다. 그 결과 중국의 인민폐는 2016년 10월 1일(중국 국경절)부터 정식으로 SDR 바스켓에 포함됐다. 또한 중국은 SDR의 역할 확대를 계획했다. 이는 미국이라는 한 국가에 의해 통제되는 달러 기반 기축통화제도를 견제하고

SDR 내 국가가 참여하는 안정적인 통화 시스템을 구축하기 위함이다.

중국이 인민폐를 SDR 바스켓에 포함한 상황에서 금 보유량을 지속적으로 늘려가며 SDR이라는 가상 화폐를 SDR 바스켓 내 미국, 유럽연합, 중국, 일본 등의 금 보유량과 연동해 SDR-금본위제를 추진하거나 SDR 바스켓 내에 금 자체를 포함할 가능성도 배제할 수 없다.[35]

한편 SDR 바스켓의 역할은 여전히 제한적이지만, 인민폐가 SDR 내 화폐라는 것만으로도 국제사회가 인정하는 안정적인 화폐가 된다. 이 지위를 지렛대 삼아 다자개발은행과 각종 기금, 무역 결제 자율화, 금융 및 채권시장 개방, 각종 국제 프로젝트에서 주요 결제통화 등으로 자국의 화폐 역할을 확장할 공간이 생길 것이다. 그러면 중국은 내수시장 규모와 수출입 무역량을 토대로 앞으로 일대일로를 통한 동아시아 경제권 형성을 더 적극적으로 진행할 수 있다.

중국은 SDR 역할 확대와 인민폐 국제화를 지렛대 삼아 인민폐시장을 주변국 위주로 넓히고 그 인민폐를 통한 중국의 상품시장을 확장하는 전략을 추진하고 있다. 중국 주도의 금융·융자 플랫폼으로 국제화된 인민폐가 흐르면 중국 기업의 해외 진출이나 중국 상품시장의 확장이 이루어지는데, 이것이 중국이 말하는 쩌우추취이자 일대일로의 숨겨진 전략이다.

중국은 일대일로를 추진하면서 상하이 중심의 창장 강 경제 벨트長江經濟帶와 베이징 중심의 징진지京津冀,(베이징·톈진·허베이 성)를 국내의 개발 허브로 만들고 정부 주도의 국제 금융 플랫폼을 심장으로 삼아 국내 위주로 돌던 인민폐라는 혈액을 주변 국가를 거쳐 국제사회에 순환하게 만들겠는 청사진을 그리고 있다. 중국은 SDR을 통한 국제통화 시스템 내 달러 패권 견제, 인민폐 국제화를 통한 무역과 투자 편리화 포석 마련, 정부 주도의 금융 플랫폼과 국제기금 준비 등을 토대로 자금융통 그리고 일대일로의 금융·융자 플랫폼을 완성하고 있다.

일대일로의 두뇌: 정책소통 플랫폼

일대일로의 3대 플랫폼 중에서 정책소통 플랫폼은 일대일로를 협의하는 거버넌스(사회체제가 자신의 목표대로 발전하게 하는 규범 시스템)를 의미한다.[36] 일대일로는 중국 주도의 글로벌 연계 구상이므로 타국과의 협력 없이 중국 단독으로는 추진할 수 없다. 이런 의미에서 5통 중 정책구통과 민심상통은 일대일로의 정책소통 플랫폼을 구성하는 핵심 요소이며, 중국이 일대일로 추진하는 데 반드시 실현해야 할 중요한 과제다.

핵심 키워드는 글로벌 거버넌스

정책소통 플랫폼을 통해 진행되는 일대일로는 한 국가의 일방적인 국제 전략이 아닌 다원화된 글로벌 개발 구상이다. 미국과 유럽, 일본의 주요 언론은 '중국위협론'을 거론하며 중국의 해외 진출(쩌우추취) 전략을 견제했다. 미국의 오바마 대통령은 이런 여론을 배경으로 2011 실크로드 전략과 아시아 회귀(Pivot to Asia) 전략을 내세워 유라시아와 아시아태평양에서 세력을 확장하는 중국을 압박했다. 중국은 이런 국제사회에 만연한 중국위협론을 불식하기 위해 일대일로의 '실크로드'라는 프레임을 통해 해외 진출이 아닌 국제교류임을 강조하고, 공간 네트워크 플랫폼과 금융·융자 플랫폼에 정책구통이라는 글로벌 거버넌스의 개념을 추가했다.

글로벌 거버넌스는 국제사회에서 정부 간의 활동뿐만 아니라 다른 많은 행위자(개인, 기업, 지방정부, 정부, 국제기구 등)의 활동을 포함하는 세계 범위의 거버넌스를 의미한다. 그렇기 때문에 일대일로의 5통 중에서 정책구통, 민심상통과 부합한다. 정책구통을 직역하면 '정책을 소통한다'는 뜻이고, 민심상통은 '민심을 서로 통하게 한다'는 뜻이다.

정책구통과 민심상통은 정부 간 협력과 민간 교류를 의미한다. 즉 중국은 이를 통해 공간 베이스의 자유무역지대 위로 평등한 관계를 통한 협치協治의 거버넌스를 추구한다는 의미로 해석이 가능하다. 글로벌 거버넌스의 주요 행위체는 정부와 국제기구인데, 이를 통해 교류의 플랫폼을 만들어 다양한 행위자가 교차해서 복잡계 네트워크를 형성한다는 의미다. 이런 글로벌 거버넌스의 개념이 일대일로의 정책소통 플랫폼을 설명해줄 핵심 키워드다.

워싱턴 컨센서스와 베이징 컨센서스

글로벌 거버넌스의 양대 컨센서스는 워싱턴 컨센서스와 베이징 컨센서스다. 미국식 글로벌 거버넌스인 워싱턴 컨센서스는 1989년 당시 라틴아메리카가 처한 경제적 난관을 워싱턴 베이스의 국제기구를 통해 해결할 목적으로 존 윌리엄슨이 처음 제시했다. 그후 존 윌리엄스의 본 의도와는 다르게 워싱턴 컨센서스는 신자유주의, 시장경제, 무역·투자 자유화, 인권, 민주화 등을 상징하는 거버넌스 개념이 됐다.

베이징 컨센서스는 라모Joshua Cooper Ramo 2004년 당시 칭화 대학교 겸임교수가 제시한 거버넌스 개념으로, 구동존이·내정불간섭·균형발전·점진적 발전을 주요 내용으로 한다. 양대 컨센서스 모두 그 의미 해석에 논란은 있지만 한쪽은 미국의 세계화를, 다른 한쪽은 중국의 일대일로를 대변하는 거버넌스 개념이라 봐도 무방하다.

두 컨센서스는 각기 장단점이 있다. 워싱턴 컨센서스는 민주화·시장경제·인권 등의 가치를 앞세워 현지 국민의 정치 참여 저변을 확대하고 인권을 강조한다. 반면 상대국의 내정에 간섭하며 미국의 자본·상품·문화를 주입하는 개입 정책으로 상대국의 거버넌스에 개입하고 산업과 노동권 약화 역시 초래했다.

베이징 컨센서스는 구동존이를 철학적 기반으로 하여 다원화된 세계화 실현, 내정불간섭, 점진적 개발 추진 등을 통해 상대국의 국내 거버넌스를 인정한다는 장점이 있다. 반면, 상대국의 독재정권을 인정하고 그 독재정권의 부패를 이용해 에너지자원과 인프라 개발권을 획득하고 소비시장을 장악한다는 문제점이 있다. 양대 컨센서스 모두 '영향력'에 관련이 있음은 분명한 사실이다.

1992년 중국의 덩샤오핑은 남순강화南巡講話를 통해 개혁개방 의지를 국제사회에 보여주고 시장경제체제를 적극 수용하며 점진적인 개방 노선을 이어갔다. 국내 투자에 제한을 두며 핵심 산업과 기업을 보호하고 국내에서 경쟁력을 키워 나간 것이다. 중국 경제가 지속적으로 성장하는 가운데 1998년 아시아 경제위기 이후 신자유주의의 문제를 지적하는 목소리가 나왔다. 그리고 아시아 경제위기 극복 이후 2001년 12월 WTO에 가입하면서 내부 개혁을 진행함과 동시에 대외원조의 범위를 확장해 나갔다. 이와 비슷한 시기에 등장한 용어가 베이징 컨센서스다.

중국 전문가 사이에 베이징 컨센서스는 기피 용어이기도 했다. 그 이유는 워싱턴 컨센서스의 개념에 맞서는 이념으로서 중국이 패권을 추구하는 듯한 인상을 주기도 하고, 중국 상황을 이해하고 대변할 수 있는 중국 측 전문가가 아니라 서양 전문가가 이를 제안함으로써 앞으로 중국위협론으로 확장되지 않을까 하는 전략적 상황 판단에 따른 것이었다.[37]

중국은 베이징 컨센서스라는 용어 사용을 자제하지만 베이징 컨센서스가 담고 있는 거버넌스 내용은 유지하면서 정책구통과 민심상통의 의미를 발전시켜 나갔다. 정책구통과 민심상통의 내용은 중국의 〈대외원조백서對外援助白皮書〉에서 찾을 수 있다. 중국은 상호 존중하고 신뢰하며 평등한 관계로서 공동 발전을 추구한다는 대외원조의 기본 원칙을 제시하며 주로 개발도상국의 빈곤 해소, 민생 개선 분야에 지원하겠다는 내용을 발표했다. 정치적 조건 없는 원조, 내정불간섭 원칙 준수, 원조받는 국가가 자주적으로 발전 방향과 모델을 선택할 수 있는 권리 존중 등이 주요 내용이었다.[38] 미국의 개발 원조 방식은 대상국에 개입하여 정부와 기업의 구조 조정을 진행하는 것이라면, 중국의 개발 원조 방식은 오히려 대상국 정부의 역할을 인정하고 그 정부와 협조해 개발 방식을 채택한다는 것이다.

'해양은 백 개의 내천을 받아들이기에 그 포용성이 거대하다'

중국은 정부 간 소통 강화와 민간 교류 확대 등의 정책구통과 민심상통을 일대일로에 포함하면서 미국의 대외원조 방식과 차별화했다. 이를 통해 기존의 신자유주의로 인해 손실된 공동체의 복원을 추진하고 있다.

중국은 일대일로를 통해 지역공동체의 특색을 살린 네트워크를 개발하여 지역화에서 세계화로 이어지는 아래에서 위로의 상향식bottom up 거버넌스를 발표했다. 실제로 시진핑은 2013년 4월 보아오 포럼에 참석해 연설하던 중 '해납백천, 유용내대海納百川, 有容乃大'라는 말을 인용했는데, 이는 '해양은 백 개의 내천을 받아들이기에 그 포용성이 거대하다'는 뜻이다.

시진핑은 각 나라가 자주적으로 사회제도와 발전 방향을 선택할 권리를 존중해야 한다면서 세계의 다양성과 각국의 차이성이 발전의 활력과 원동력이 될 것이라고 말했다. 또한 개방과 포용의 정신을 견지해 공동 발전을 위한 광활한 공간을 제공해야 한다고 강조했는데, 구동존이의 개념과 공간 네트워크 개발을 융합하겠다는 의지가 그대로 표현된 것이다.[39] 요컨대 중국은 미국의 세계화 목표를 수용하되 국가와 국제 지역의 구동존이 방식대로 다양한 생태계를 인정하고 이를 연결해 네트워크로 만들어 세계화를 이루겠다는 전략으로서 일대일로를 추진하는 것이다.

정책소통 플랫폼에서 중국의 국제 지역경제협력체 플랫폼 활용도 중요한 요소다. 중국은 정책소통 플랫폼으로 SCO, ASEAN+1, APEC, ASEM, ACD, CICA 등과 같은 지역경제협력체에 주도적으로 참여함으로써 일대일로 개발과 교류의 방향을 협의하고 있다. 또한 일대일로 액션 플랜에서 일대일로에 참여를 원하는 국가는 모두 참여가 가능하다고 말한다. 중국은 개방형 공간-구조(국제관계) 네트워크를 토대로 일대일로의 범위를 배타성 없이 확장할 수 있도록 설정했다. 그리고 이런 개방형 정책소통 플랫폼을 구축하여 양자 간 협력과 동시에 다자간 국제 지역경제 협력체와의 복잡계 네트워크를 전개함으로써 공간 네트워크 플랫폼 위에 다원화된 문화 생태계를 만들고자 한다.

중국은 일대일로에 하나의 거버넌스를 두고 활용하려는 게 아니라 지구상에 존재하는 다자간 지역경제협력체와 네트워킹하고 일대일로에 참여를 원하는 국가와 양자 관계를 강화하며 정책소통 플랫폼을 활용하고 있다. 세계 각 지역의 경제협력체나 경제공동체를 주식회사로 비유하면 이해가 더 쉽다. 중국은 동아시아라는 주식회사를 설립해 자국이 대주주 역할을 맡고 개방의 정도를 높여 해외 자본을 유치하는 한편, 타 지역의 주식회사에 직접 투자하는 방식으로 글로벌 개발을 펼쳐 나가고 있다. 중국 주도의 AIIB에 다양한 국가가 출자해 참여하고 있고, 역으로 중국이 IBRD, ADB, EBRD(유럽부흥개발은행)에 출자해 역할을 확대하는 것이 그 대표적인 예다. 이런 금융·융자 플랫폼뿐만 아니라 각 지역 거버넌스에도 중국이 참여하고 협력함으로써 지역 특색을 살린 세계화 전략을 종합하고 있다.

시진핑 시대, 일대일로의 탄생

3장

일대일로는 어떻게 태어났는가

2012년 11월 시진핑은 제18차 중국중앙위원회 제1차 전체회의에서 중국공산당 중앙위원회 총서기, 중국 중앙군사위원회 주석에 취임하며 후진타오로부터 당권과 군권을 이어받았다. 이듬해 3월에는 중국 국가주석에 올라 당권, 군권, 행정권 등을 모두 가진 최고지도자로 등장하게 됐다. 후진타오가 2002년 장쩌민으로부터 당권과 행정권을 먼저 받고 2년 뒤 군권을 받은 것과 달리 시진핑은 당권, 군권, 행정권 등 모든 권력을 정치적 갈등 없이 안정적으로 이어받았다. 시진핑은 이런 정치적 기반을 토대로 안정적으로 국정을 운영할 수 있었다.

후진타오에서 시진핑으로, '중국의 꿈'으로

중국은 그동안 높은 수준의 대외개방형 경제체제를 구축하기 위해 노력해왔다. 특히 후진타오 정권에 들어와 동부솔선, 서부대개발과 함께 동북 진흥, 중부굴기가 추진되며 동부 연해에서 중국의 변방까지의 개발 계획이 국가 주도의 개발 프로젝트로 구성됐다. 후진타오는 2012년 11월 마지막 전국대표대회에서 과거 중국의 전략 내용을 종합해 보고했다. 그 보고에서 중국의 국내 개발과 주변국과의 연계성 그리고 양자·다자·국제 지역별 협력을 통한 자유무역지대의 건설을 명시하고 있다. 주목할 점은 중국이 국내로 유입된 외국인 직접 투자를 효율적으로 활용하는 방법과 또한 이를 기반으로 중국의 글로벌 기업을 양성해 해외 진출을 더 적극적으로 진행한다는 내용이다. 시진핑은 개혁개방 이후 후진타오 시기까지의 중국 국내 개발과 대외정책을 종합하여 계승했다.

시진핑은 같은 달 당시 새로 취임한 중국 중앙정치국 상임위원 리커창, 장더장張德江, 위정성兪正聲, 류윈산劉雲山, 왕치산王岐山, 장가오리張高麗 등과 함께 중국 국가박물관을 방문했다. 당시 새로운 중국 지도부는 국가박물관에서 〈부흥의 길復興之路〉을 함께 시청했다. 중국의 근대화에서부터 후진타오 시기 과학발전관까지의 내용을 담은 총 6부작 다큐멘터리로, 2007년 중국 중앙방송인 CCTV가 방영한 것이다. 시진핑은 국가박물관 관람과 다큐멘터리 시청을 마치고 처음으로 '중국의 꿈中國夢'을 언급했다.[40]

2013년 3월 제12차 전국인민대표대회 제1차 회의 폐막식에서 시진핑은 국가주석으로서 '중국의 꿈'을 공식적으로 강조했다. 중국인 한 사람 한 사람의 꿈이 모여 중국 전체의 꿈이 된다며 단결을 주장했고, 더불어 단결한다면 꿈을 실현하기 위한 더 광활한 공간을 갖게 될 것이라고 전망했다. 이후 시진핑이 세계 각국의 꿈이 모여 세계의 꿈이 되고, 연계성을 통해 더 광활한 공간을 갖게 될 것이라고 주장한 것과 연결되는 부분이다. 시진핑은 연설 중에 중국의 꿈을 실현하기 위해 물질과 문화의 기반을 공고히 할 것이라고 했는데, 당시 언급한 물질과 문화의 기반은 결국 일대일로로 발전한다.[41] 시진핑에게 일대일로는 중국의 '부흥의 길'이자 '중국의 꿈'으로 향하는 물질과 문화의 기반인 셈이다.

경제 위기 속에서

시진핑 정권은 그러나 2008년 세계 금융위기의 여파로 큰 위기를 맞고 있었다. 먼저 대외수출 의존도가 높은 중국의 양대 시장인 미국과 유럽연합의 경제 악화는 시진핑 정권이 직면한 위기였다. 다음으로 미국 국채와 달러 위주의 준비자산을 보유했던 중국으로서는 상대적으로 안정적인 자산의 비율을 제고해야만 했다.

미국의 투자가 워런 버핏Warren Buffett은 물이 가득한 곳에서는 누가 옷을 벗고 수영하는지 모르지만 그 물이 빠진 곳에서는 쉽게 발견할 수 있다고 말했다.[42] 중국은 WTO에 가입한 2001년부터 세계 금융위기가 촉발된 2008년까지 경제 호황을 누렸는데, 내부 문제를 크게 개선하지 못한 채 규모의 경제를 키우는 양적 성장에 집중했다. 그러나 2012년 중국의 양적완화 효과가 마무리되면서 중국 경제의 문제점이 본격적으로 노출되기 시작했다. 중국은 고속성장 과정에서 소득 불균형, 지역발전 불균형, 환경오염, 부정부패, 지방정부 부채, 비효율적인 시장자원 관리, 부동산 거품 등의 경제문제에 직면했다. 중국은 특히 '세계의 공장'으로서 철강, 시멘트, 전해 알루미늄, 정유, 판유리, 제지, 조선 등의 분야에서 생산설비를 과도하게 확장했는데, 대외경제의 악조건 속에서 설비가동률을 낮추면서 재고가 축적됐다. 이런 과잉생산 품목이 중국 산업 전반에 악영향을 미치게 됐다.[43]

시진핑 지도부는 출범과 동시에 중국이 직면한 과제를 개혁하겠다는 의지를 밝혔다. 시진핑 정권은 먼저 세계 금융위기 이후 국제 경기 악화와 중국 국내 문제에 의해 중국이 저성장을 유지하는 상황인 신상태新常態 단계에 들었다고 인정했다.[44] 기존의 중국이 낮은 임금과 우대 혜택을 통한 양적 경제성장을 추구했다면, 신상태의 중국은 국내 소비수준 향상을 통해 내수시장 확대, 해외시장의 다원화, 동부 연해(서비스업)-서부 지역(제조업)을 기반으로 한 국내 가치사슬 등의 형성으로 질적 경제성장을 추구한다. 여기에 2008년 미국, 유럽연합, 일본 등이 일제히 경제위기를 맞으면서, 중국은 BRICs 국가를 포함한 신흥경제국, 개발도상국과의 연계성을 확대하는 한편, 금융·융자 플랫폼을 마련하여 중국 국영기업의 해외 진출을 더 적극적으로 지원하기 시작했다.

중국의 연계성 확장과 국영기업의 해외 진출 가속화 그리고 이를 뒷받침하기 위한 금융·융자 플랫폼 형성은 과잉생산 품목 해결에도 도움이 됐다. 중국은 생산설비 확장 억제, 구조 조정, 내수시장 확대, 새로운 해외시장 개척과 투자, 산업 구조 향상, 정부와 시장의 관계 조정에 따른 시장 효율성 제고를 통해 과잉생산 품목을 해결하기 위한 방향을 설정했다.[45] 시진핑이 지도자로서 전면에 나선 2012년의 배경은 결국 일대일로 전략으로 종합되는 촉진제가 됐다.

외교 위기 속에서

중국은 외교 관계를 대국, 주변국, 개발도상국, 다자간 협력체로 나누어 접근했다. 2003년 후진타오가 제시한 중국의 외교 기본 틀은 '대국은 관건, 주변국은 중요, 개발도상국은 기초, 다자간 협력체는 중요 무대'다.[46] 후진타오의 외교 정책을 그대로 계승한 시진핑은 특히 대국과의 관계를 재정립하며 일대일로 분위기 조성에 나섰다. 여기서 대국이란 미국, 유럽, 러시아를 말한다. 먼저 대국 관계를 재설정하고, 주변국의 안정을 유지하며, 개발도상국과는 ODI와 ODA를 통한 관계 강화를 한다는 내용으로 대외 전략을 수립한 것이다. 또한 중국은 다양한 지역협력체와 협력을 강화하면서 중국 발전의 공간을 넓히는 데 중점을 두었다.

시진핑은 2012년 2월 당시 국가 부주석으로서 미국을 방문해 오바마와 회담했는데, 이때 신형대국관계新型大國關係를 처음 제안했다. 핵심 내용은 '냉전 종식 이후 대국 관계는 제로섬 게임이 아니라 상호 의존 형이므로 서로 존중하고 협력하여 공영 발전을 이루어야 한다'는 것이다. 시진핑은 오바마에게 미·중 양국의 핵심 이익을 존중할 것을 제안하면서 '태평양은 충분히 크니 중·미 양국의 발전을 포용할 수 있다'고 발언했는데, 이는 미국이 수용할 수 없는 제안이자 표현이었다.[47]

시진핑이 언급한 중국의 핵심 이익에는 양안 문제와 주변국과의 갈등 현안 등도 포함되어 있다. 미국은 동맹국과의 협력 속에 해당 지역 내 미국의 개입이 불가피하다고 판단하여 신형대국관계를 그 뜻 그대로 받아들이기 힘들었다. 또한 세계의 해양력을 주도하는 미국으로서는 중국을 봉쇄하는 아시아 회귀 전략을 진행하고 있는데 태평양이 충분히 크니 미·중의 발전을 포용할 수 있다는 시진핑의 표현에 민감할 수밖에 없었다.

시진핑은 신형대국관계를 유럽과 러시아로 확장하며 외교를 펼치는 한편 앙골라 모델, 연계성 등을 종합하며 일대일로를 위한 국제적 분위기를 조성했다. 그러면서 시진핑은 외교 관계를 종합해 일대일로 공동 건설을 위한 국가 종합 전략을 수립하기 시작했다. 신형대국관계를 통해 미국과의 관계가 평화적 구도로 전환되기를 바라면서 동시에 끊임없이 중국 내부에서 일대일로 건설을 위한 준비에 착수한 것이다. 시진핑이 강조하던 '중국의 꿈' 그리고 '부흥의 길'은 곧 일대일로였다.

시진핑의 강한 개혁 의지와 대외정책 추진 의지는 중국 전반에 흐르던 실크로드 개발 관련 사상과 전략에 혼을 불어넣었다. 2013년 9월에 제시한 '실크로드 경제 벨트'나 같은 해 10월에 발표한 '21세기 해상 실크로드'는 세계가 함께 '공간 베이스의 국제 자유무역지대'를 공동으로 건설하자는 목표로 시작됐다. 마치 단세포동물이 고등동물로 진화해가는 것처럼 일대일로는 중국의 중앙정부, 국가기관, 지방정부, 연구 단체, 국영기업, 실무단에 의해 기존에 추진하던 모든 영역의 정책을 종합하면서 발전했다. 일대일로는 지금도 개방형 네트워크로 계속 진화하고 있다.

일대일로는 어떻게 구체화되었는가

중국은 당국가체제黨國家體制를 가진 국가로, 개혁개방 이후 다양화된 지방정부와 이익단체의 목소리를 정책에 반영하고 있다. 당국가체제와 양회兩會(전국인민대표대회와 전국인민정치협상회의)를 통해 하향식과 상향식 의사결정 구조를 갖추어 중국 국가 운영을 진행한다. '실크로드 경제 벨트'와 '21세기 해상 실크로드'는 이런 중국 내부의 정책 결정 구조를 거치고 다양한 전문가 단체가 검토해 정책 방향이 결정됐다. 또한 이를 실현하기 위한 다양한 내부 토론과 회의를 통해 고대 실크로드 라인을 넘어선 공간 베이스의 자유무역지대로 등장했다.

중앙의 정층설계, 지방의 중층설계

일대일로는 '일대'와 '일로'라는 두 개의 네트워크에서 커다란 입체적 네트워크 담론으로 발전하게 되었다. 이런 일대일로 발전방향은 정층설계頂層設計에 따라 결정된다.[48] 중국에서는 층위層位를 크게 정층頂層, 중층中層, 기층基層으로 분류한다. 정층은 가장 위층이라는 뜻으로 당과 중앙정부를 말하며, 중층은 지방정부, 기층은 일선 공무원이나 일반 서민을 지칭한다.

정층설계는 말하자면 당과 중앙정부 주도의 계획이다. 중국의 당과 중앙정부는 이 시스템의 최상위에 있으며 시스템을 주도적으로 설계한다. 중앙정부는 이런 시스템을 구성하면서 중앙정부, 지방정부, 각계의 이익단체와 민중의 관계를 조정한다. 정부와 시장, 국내와 국외의 관계 등도 이 시스템에 포함된다. 정층설계는 더 종합적이고 근본적이며 멀리 보는 수로, 전면적인 설계를 진행한다는 특징이 있다.[49] 정책소통 플랫폼과 금융·융자 플랫폼 그리고 공간 네트워크 플랫폼이 일대일로 전체를 운영하는 네트워크 기반이라면, 정층설계는 네트워크 전 영역과 구간을 설계하는 프로그래밍을 의미한다.

일대일로는 중앙정부 차원의 정층설계와 성급省級 지방정부 차원의 중층설계를 종합해 운영된다.[50] 중층설계란 성급 정부 차원에서 주도적으로 정책 프로그램을 설계해 성 내부의 성 정부, 시·현 정부, 기관, 이익단체, 기업을 아울러 지역 특색의 정책을 도출해내는 것이다. 일대일로는 중앙의 정층설계와 31개 지방정부의 중층설계를 종합해 공간 베이스 국제 전략으로 발전시킨 것이다.

개혁영도소조, 시진핑이 조장 맡아

정층설계를 완성하는 것은 당국가체제 내에서 각 영역의 전문가 그룹으로 구성된 중앙영도소조다.[51] 당 간부들이 영도소조 내에서 자신들의 전문 분야를 각각 맡아 당과 국가기관 정책 협의체를 이끌며 정책을 결정하고, 각 이익단체와 대화를 나누면서 정층설계에 중요한 역할을 담당한다. 중앙영도소조 중에 일대일로와 직접 관련 있는 '중국중앙 전면 심화개혁 영도소조'(이하 개혁영도소조)는 2013년 12월 제18차 3중전회 후 제2차 중앙정치국회의에서 정식으로 설립됐다.

시진핑은 개혁영도소조 조장을 맡아 중국 개혁의 전체 설계, 정책 통합 및 종합 추진, 정책 이행 촉구와 감독을 진두지휘하고 있다. 부조장은 중앙정치국 상무위원회 위원 중 리커창 총리, 류윈산, 장가오리다.[52] 개혁영도소조는 내부에 다시 경제체제, 정치체제, 문화체제, 사회체제, 생태문명체제, 당 건설과 제도 등 분야별 개혁을 위한 여섯 개의 전문 소조를 두었다. 시진핑은 개혁영도소조를 통해 중국 중앙의 개혁 정책을 지방정부에 효율적으로 전달함과 동시에 지역이나 기관의 장기적인 개혁 과제를 실천하는 기제로 활용한다.

중국은 개혁영도소조를 운영하면서 정층설계와 더불어 각 기관, 지방 그리고 서민과 일선에서 마주하는 기층 공무원의 의견까지 조율한다. 이런 중앙의 강력한 개혁 분위기 속에 '실크로드 경제 벨트와 21세기 해상 실크로드 건설공작 영도소조'(이하 일대일로영도소조)가 설립됐다. 일대일로가 중국이 추진 중인 전면적 개혁 심화의 대외 발전 전략이고, 중국의 차

세대 개혁개방의 정책 실행 중점 사항이기 때문이다.[53]

일대일로영도소조와 개혁영도소조의 연계를 통해 전면적 개혁개방 및 개발 전략과 해외 진출 전략을 종합하기 위한 정책 실무팀이 가동됐다. 2015년 2월 첫 일대일로영도소조 회의가 베이징에서 개최됐다. 일대일로영도소조에 대한 정보는 회의 당시의 사진과 일대일로영도소조 내의 어우샤오리歐曉理에 의해 중국 국가 공식 매체인 신화망新華網을 통해 처음 공개됐다.

전략의 중심 장가오리

일대일로영도소조의 조장은 장가오리 부총리다. 그를 뒷받침하는 네 명의 부조장이 있는데, 왕후닝王滬寧 중공중앙정책연구실 주임, 왕양汪洋 국무원 부총리, 양징楊晶 국무위원, 양제츠楊潔篪 국무위원이다. 이들을 살펴보면 일대일로의 중점 추진 사항을 잘 알 수 있다.

장가오리는 개혁영도소조의 일원으로서 일대일로영도소조 조장이 됐는데, 이를 통해 일대일로가 지리 및 중국의 개발 정책과 관련 있음을 알 수 있다. 일대일로영도소조 조장이 되기 전에 장가오리는 지리, 자원 협력, 극지極地, 징진지 협동발전계획, 창장 강 경제 벨트 등의 연구 조사와 정책 실무를 담당해왔다.[54] 현재 중국 국내의 일대일로 전략은 2015년 3대 국가 전략인 일대일로, 징진지 경제일체화, 창장 강 경제 벨트를 엔진으로 삼아 중국 전반을 범위로 한 동부솔선, 서부개발, 동북진흥, 중부굴기 정책을 발전시키는 것이다. 장가오리는 이 가운데 3대 국가 전략인 일대일로, 징진지 경제일체화, 창장 강 경제 벨트의 국가영도소조 조장을 맡으며 일대일로 전반과 국내 개발 계획을 연계하는 전략을 진행하고 있다.

장가오리의 직책을 살펴보면 일대일로의 진행 방향을 좀 더 이해하기 쉽다. 장가오리가 2016년 기준 중국 중앙정치국 상임위원, 국무원 부총리, 개혁영도소조 구성원, 일대일로영도소조 조장, 중국국가능원(에너지)위원회 부주임[55]인 것은 이미 잘 알려진 사실이다. 그러나 장가오리가 '징진지 협동발전 영도소조' 조장이자 '창장 강 경제 벨트 발전추진 영도소조' 조장인 것은 그리 잘 알려진 사실이 아니다.

2014년 8월 국토자원부 부부장 후춘즈胡存智에 따르면, 중국 국무원은 '징진지 협동발전 영도소조'를 조직했고 장가오리가 이 영도소조의 조장을 맡았다.[56] 2015년 2월 국무원은 베이징에서 창장 강 경제 벨트 발전추진 영도소조 제1차 회의를 열었는데, 이 자리에서 장가오리는 창장 강 경제 벨트 발전추진 영도소조 조장으로 본 회의를 주재했다.[57] 2015년에 일대일로와 함께 징진지 협동발전계획과 창장 강 경제 벨트는 중국 국가전략으로 지정됐는데 일대일로, 징진지 경제권, 창장 강 경제 벨트 추진을 위한 중앙영도소조 조장 지위는 모두 장가오리에게 집중됐다.

2015년 3월 리커창은 '정부공작(업무)보고'에서 중국 각 지역의 개혁개방과 지역 개발 정책이 일대일로 구상으로 연계되어야 한다고 주장했는데, 이는 장가오리가 중앙영도소조 조장으로 있는 세 개의 국가 전략을 중심으로 추진되고 있다. 장가오리의 역할로 볼 때 중국의 지리, 에너지, 극지 문제와 더불어 일대일로, 징진지 협동발전계획, 창장 강 경제 벨트 등의 협력 사업은 종합적으로 진행되고 있다. 시진핑이 전체적으로 일대일로를 관리하면서 외교·경제·개발 분야에 집중하고, 장가오리가 국내 문제에 집중하는 체제로 일대일로를 운영하고 있음을 알 수 있다.

핵심 브레인 왕후닝

왕이웨이王義桅 교수는 장가오리가 일대일로영도소조 조장이자 개혁영도소조의 부조장이고, 왕후닝이 일대일로영도소조 부조장이자 개혁영도소조 사무실 주임이라는 점에 주목했다. 또한 일대일로영도소조가 개혁영도소조의 지도하에 혹은 시진핑의 지도하에 중국의 경제성장 방식을 전환할 것이라고 분석했다.

왕이웨이 교수는 나머지 세 명의 부조장 역할에도 주목했다. 왕양은 국무원에서 경제무역, 농업 등의 사무를 담당하면서 빈곤 문제 해결과 대외원조 분야를 담당한다. 양징은 국무원 기층의 각 부서나 위원회, 지방의 규범과 방법을 조율하고 협조하는 직무를 맡고 있다. 양제츠는 외교 분야를 전담하며 중국 국내외의 외교 정책을 연결하는 역할을 한다. 일대일로영도소조의 구조를 봤을 때 일대일로는 중국의 전면적인 개혁개방 노선을 실현함과 동시에, 국내 시장과 국제 시장을 연결하는 방향으로 진행되고 있음을 확인할 수 있다.[58]

중국 언론은 '중난하이中南海(중국의 주요 기관이 위치한 지역)의 최고 브레인'으로 일컬어지는 왕후닝이 전면에 등장한 것에 주목한다. 왕후닝은 원래 푸단 대학교 교수 출신으로 장쩌민 시기부터 중앙에 진출해 장쩌민의

'3개 대표론', 후진타오의 '과학발전관', 시진핑의 '중국의 꿈' 등을 직접 기획하며 중국의 정책 방향을 주도한 핵심 브레인이다. 명확히 공개된 것은 없지만 왕후닝은 장쩌민, 후진타오, 시진핑을 거친 중국의 핵심 브레인이고 중국의 국내·대외 전략을 종합할 수 있는 위치에 있다는 점에서 일대일로 자체를 설계한 인물이라고 볼 수 있다.

왕후닝은 중공중앙정책연구실 주임이자 일대일로영도소조의 부조장인데, 같은 부조장급인 왕양 국무원 부총리보다 먼저 소개된다는 것은 중국 내에서 그의 영향력을 보여주는 좋은 예다. 왕후닝은 중국의 3대 지도자를 거치면서도 언론 공개를 피하면서 중국공산당과 국가기관의 전략을 연구했는데, 일대일로영도소조 부조장으로 나서면서 실질적으로 일대일로라는 전반적인 전략과 정책을 이끌어갈 것으로 보인다.

실무자 어우샤오리와 톈진천

장가오리 일대일로영도소조 조장, 어우샤오리 일대일로영도소조 실무자, 톈진천田錦塵 중국국가발전개혁위원회 서부지역사西部司 사장의 주장을 종합해보면, 정층설계와 중층설계를 통한 중국의 일대일로 추진과정을 더 구체적으로 이해할 수 있다.

먼저 장가오리는 일대일로의 정층설계에 대해 중앙의 정책과 각 지방의 실무가 결합된 것이라고 말했다. 일대일로는 중국 국내외의 연계성을 실현하는 것을 목표로 각 지역의 비교우위를 통해 중국 전반의 대외개방 역량을 키우는 것이라고 강조했다. 그는 또한 산업 간 연계 강화를 주장했는데, 특히 각종 인프라 건설과 에너지자원, 농업, 선진 제조업, 현대 서비스업, 해양경제 관련 사업 간의 연계 발전에 대해서도 언급했다. 정층설계는 이렇듯 공간을 베이스로 각 영역에 걸쳐 전반적인 산업 네트워크를 형성하는 것이다. 또한 지역별로 특색 있는 일대일로 중층설계를 중앙의 정층설계와 종합해 대외개방으로 연결하여 국제판 일대일로와 네트워킹 하는 것을 의미한다.[59]

어우샤오리 역시 2015년 3월에 발표한 '일대일로 액션플랜'을 토대로 중국의 각 지방정부는 지역 특색이 가미된 지방 버전의 일대일로를 발표해 중앙의 일대일로 정책과 연계해야 한다고 밝혔다. 사실 2015년 11월 중국의 각 지방정부는 지방 버전의 일대일로를 중앙에 보고했다.[60] 톈진천은 2015년 12월까지 일대일로의 정층설계와 중층설계가 완료됐다고 밝혔다.[61] 그 후 중앙정부는 각 지방정부가 제시한 지방 버전의 일대일로를 심사해 다시 하달했다. 2016년 1월 각 지방의 양회 기간에 이에 대한 내용이 재조정됐고, 2016년 3월 중앙의 양회를 통해 제13차 5개년 경제개발계획의 틀이 논의되어 일대일로 지방-중앙 버전이 종합됐다.

정층설계 + 중층설계 + 제2의 개혁개방

제13차 5개년 경제개발계획을 토대로 중국은 중앙정부에서 제시한 정책 방향과 각 국가기관, 지방정부, 국영기업, 연구기관, 이익단체에서 제시하는 정책 제안을 결합해 국내의 일대일로 정책을 완성해 나갔다. 중앙정부가 뼈대를 제시했다면 국가기관과 지방정부를 포함한 중국 내 모든 정책 참여 단체는 그 골간에 동맥과 살을 붙이며 일대일로라는 국가 전략을 완성했다. 중국 지도부는 동시에 해외에서 양국 간의 정상회담이나 국제회의 플랫폼을 통한 다자회담을 통해 일대일로에 참여할 것을 독려하고, 중국의 경제력을 토대로 직접 투자를 약속하며, 인프라 건설을 포함한 다양한 사업에서 중국을 중심으로 한 이니셔티브를 형성하고 있다. 중국은 이런 방식을 통해 지방정부 일대일로, 국가 차원의 일대일로, 세계 전략으로서의 일대일로를 하나로 묶는 다층위의 설계 방식으로 일대일로를 추진했다.

정층설계로 본 일대일로 추진 과정

시진핑의 지도하에 중국공산당은 '중국의 꿈'을 실현할 정책 방향을 설정하고, 각 국가기관은 이를 실현할 방안을 제시했다. 또한 중국공산당은 각 실크로드의 부활을 통한 주변국과의 연계 발전 전략을 제시했다. 시진핑은 중국과 주변국 간의 연계성을 통한 발전 방식을 강조하는 자리에서 '실크로드 경제 벨트'와 '21세기 해상 실크로드'를 제안했다.

이런 중국 지도부의 정책 방침을 다시 각 국가기관, 지방정부, 연구기관, 국영기업, 이익단체에 위치한 당 조직에 하달하여 실크로드 전략에 적합한 각 기관과 지역의 의견을 요청했다. 2015년 3월 중국 국무원은 국가발전개혁위원회, 외교부, 상무부의 공동 발표 형식으로 중앙정부에서 추진하는 일대일로 정책의 청사진을 제공했다. 이것이 '일대일로 액션플랜'이다. 중국 중앙의 정층설계 방식을 근거로 각 지방정부는 지방의 특색을 살린 중층설계를 진행하며, 다시 의견을 종합한 것이다.

이런 정책 종합 방식으로 2015년 12월 일대일로 관련 정층설계와 중층설계를 구축했으며, 이듬해 1월 각 지방정부는 지방의 양회를 통해 중앙 지도부의 의견을 논의하고 지방 버전의 제13차 5개년 경제계획에 반영했다. 이어 3월에 개최된 중국의 양회를 통해 각 지방 버전의 일대일로를 중앙에 제출해 중국 중앙의 일대일로를 완성하는 한편, 국제사회와의 연계를 본격화했다.

일대일로는 어떻게 글로벌 전략이 되었는가

2013년 4월 중국 하이난다오 보아오에서 열린 포럼에서 시진핑은 사실상 일대일로 구상을 발표했다. 그는 아시아가 세계의 경제성장에서 50퍼센트 넘게 공헌했다며 아시아의 역할을 강조했다. 또한 연설 말미에 중국은 주변국과 공간 네트워크 플랫폼 건설에 속도를 내고, 역내 금융·융자 플랫폼을 구축할 것이며, 무역과 투자의 자유화를 계속 실현할 것이라고 말했다. 그리하여 중국은 아시아의 발전을 이끌고, 다시 아시아가 세계의 다른 지역과 공동 발전할 수 있도록 노력하겠다고 밝혔다. 다시 말해 중국 〉 아시아 〉 세계 방향으로의 공간 네트워크 플랫폼 연계 전략 속에 중국이 금융·융자 플랫폼을 제공하겠다는 것이다.

정책의 시발점이 된 보아오 포럼

2012년 6월 후진타오는 베이징에서 개최된 SCO(상하이협력기구) 회의에서 처음으로 역내 다자개발은행 설립을 언급했는데, 시진핑이 이듬해 4월에 다시 언급하면서 중국 주도의 다자개발은행 설립이 탄력을 받게 됐다.[62] 2013년 보아오 포럼은 사실상 일대일로 정책의 시발점이었다. 또한 9~10월은 시진핑이 정식으로 '실크로드 경제 벨트', 'AIIB', '21세기 해상 실크로드'를 국제사회에 제시한 시기다. 이때부터 중국은 본격적으로 일대일로를 추진했다.

중국의 정책 형성 과정을 살펴보면 지도자가 직접 정책을 공개하기 전까지 그 정책의 완성도를 높이며 실무를 준비하는 단계가 있다. 중국은 개혁개방 시기부터 일대일로 관련 전략을 축적해왔다. 또한 일대일로와 직접 관련된 내용은 후진타오 전임 국가주석 시기에 대부분 준비되어 있었다.

시진핑이 포럼에서 일대일로 공동 건설과 중국 주도의 금융·융자 플랫폼 설립을 위한 복선을 깔면서 중국 지도부는 더욱 치밀하게 관련 전략의 내용을 준비했다. 2013년 8월 장가오리는 제1차 중국전국지리상황조사 회의를 진행하며 각 성, 자치구, 직할시 등의 지방정부와 함께 중국 전역의 지리와 인프라, 개발 상황 등을 점검했다. 그는 이 시기부터 현장 답사를 다니며 실무적으로 일대일로를 진행할 수 있는 국내 데이터를 축적했다.[63] 이처럼 중국은 시진핑이 직접 국제사회에 일대일로 공동 건설을 제안하기 이전까지 치밀하게 관련 작업을 진행했다.

5통과 실크로드 경제 벨트

2013년 9월 시진핑은 카자흐스탄 나자르바예프 대학 강연에서 '실크로드 경제 벨트' 공동 건설을 제안했다. 당시 시진핑의 표현 중에 '내 고향 산시陝西는 고대 실크로드의 시발점'이라는 구절이 있었는데, 이 때문에 일대일로 연구자 사이에 실크로드 경제 벨트의 시발점이 산시라는 오해를 불러일으켰다. 시진핑은 세계금융체제가 융합되고 지역 협력이 가속화되는 시기에 유라시아 대륙에 이미 많은 지역협력체가 존재한다는 점을 설명하며 고대 실크로드 지역이 유럽, 남아시아, 서아시아를 연결하는 지경학적 요충지 역할을 한다고 강조했다. 특히 SCO가 회원국, 옵서버국, 대화 파트너국 간의 협력을 통해 유라시아 경제 공동체의 협력을 강화하고 있다고 강조했는데, 이는 중국이 SCO를 주요 정책소통 플랫폼으로 활용할 것임을 예고한 것이라고 할 수 있다.

시진핑의 강연 가운데 가장 중요한 부분은 점에서 선으로 연결하며 점진적으로 지역 협력을 이끌겠다면서 동아시아, 서아시아, 남아시아의 교통 인프라 네트워크와 통관 편리화를 구축하여 태평양에서 발트 해까지의 교통 운송 대통로를 점차 완성하겠다는 발언이었다.[64] 이로써 중국은 실크로드 경제 벨트와 5통을 발표하며 유라시아 전 지역을 통하는 연계성의 서막을 열었다.

AIIB와 21세기 해상 실크로드

카자흐스탄에 이어서 10월 시진핑은 인도네시아를 순방하며 중국이 그리는 일대일로의 큰 그림이 무엇인지 직접 보여주었다. 특히 여기서는 일대일로와 연계성을 활용한 중국의 일대일로 범위를 확인해주었다. ASEAN 본부가 인도네시아 자카르타에 있다는 점을 감안하면 시진핑의 유도요노 인도네시아 대통령과의 회담과 인도네시아 국회 연설의 전략적 가치를 이해할 수 있다. 시진핑은 우선 중국과 ASEAN의 관계를 중시했고, 인도네시아 국회 연설에서 ASEAN+1(중국)의 연계성을 강조했다. 또한 ASEAN을 포함한 아시아 지역의 다자개발은행으로 AIIB 설립을 제안하고, ASEAN+1에 더해 '21세기 해상 실크로드' 공동 건설을 제안했다. 중국과 ASEAN의 해양 분야 협력은 남중국해, 남태평양, 인도양까지를 그 범위로 한다.

리커창 역시 시진핑을 지원하며 ASEAN 국가를 순방했다. 같은 해 10월 브루나이에서 열린 제16차 ASEAN+중국 지도자 회의에서 리커창은 시진핑이 주장한 21세기 해상 실크로드 공동 건설과 AIIB 설립을 지원했다. 또한 남중국해 관련 당사국 선언을 강조하며 ASEAN과의 분쟁 요소를 정책소통 플랫폼을 통해 해결하자고 제안했다.

종합해보면 시진핑은 2013년 9월 카자흐스탄에서 유라시아 연계성을 언급했고, 10월에는 인도네시아 자카르타에서 ASEAN+1, 21세기 해상 실크로드, AIIB 설립을 제안했다. 그리고 연이어 발리에서 열린 APEC 정상회의에서 환태평양 연계성을 채택하면서 시진핑이 구상하는 일대일로의 실체를 보여주었다. 중국+ASEAN은 몸통이고, 유라시아·아프리카·환인도양과 환태평양·미주·환대서양은 두 날개이며, 이를 둘러싼 입체형 복합 교통 인프라는 혈맥이라는 일대일로의 글로벌 전략은 이미 이때 시진핑의 외교 활동으로 그 모습을 드러냈다.

자유무역시험구 설립과 행정기구 개편

중국은 '실크로드 경제 벨트'를 제안하고 얼마 뒤인 2013년 9월 상하이 푸둥 지구의 와이가오차오 보세구, 와이가오차오 보세물류단지, 양산 항 보세항만, 푸둥 공항 종합보세구역을 종합하여 상하이 자유무역시험구를 설립했다. 중국이 기존에 설립했던 경제특구, 국가급 신구新區, 각종 보세구는 해당 지역 경제발전에 집중했던 데 반해, 자유무역시험구는 미국 주도의 TPP가 제시한 높은 수준의 표준화에 대비하고 중국에 진출하려는 외자 기업과 해외로 진출하려는 국내 기업에 네거티브 리스트를 제공해 그 리스트에 포함된 것을 제외한 사업을 과감히 개방함으로써 경제적 성과를 시험하는 데 설립 목적이 있었다.[65]

중국은 개혁을 촉진하는 기제로 자유무역시험구를 활용했다. 자유무역시험구 내에서 정부와 시장의 관계를 조정하며 시험한 다음 성공한 사례는 전국으로 범위를 확대해 그 정책을 실행했다. 상하이는 핵심 항만, 공항 인프라와 그 주변의 보세구까지 자유무역시험구로 지정되면서 인근의 창장 강 삼각주와 창장 강 경제 벨트 지역까지 연계되어 일대일로 국내 개발 정책의 허브로 자리를 잡아갔다.

2015년 4월 중국 자유무역시험구는 톈진·푸젠·광둥 등에 새롭게 설립됐고, 상하이 푸둥 지구 내에도 루자쭈이 금융구역, 창장 강 하이테크 단지, 진차오 개발구 등이 자유무역시험구에 포함됐다.[66] 상하이가 1991년 국가급 신구로 지정되면서 국제경제센터, 국제금융센터, 국제무역센터 그리고 2000년에 국제항운센터의 건설을 목표로 진행해왔던 개발 전략

상하이의 보세 항만인 양산 항

이 2015년 들어 완성되기 시작했다. 중국은 상하이 자유무역시험구를 통해 상하이-홍콩 주식시장을 연계하는 후강퉁滬港通을 시작으로 점차 금융시장을 개방하고 있으며, 실크로드 채권 개발을 추진하면서 일대일로에 참여하는 연선 국가를 대상으로 인민폐를 통한 채권 발행도 계획하고 있다.[67] 중국은 상하이를 경제·무역·금융·물류의 허브로 삼아 제2의 개혁개방을 추진하며 국내외 연결을 통한 일대일로 표준을 설정하고 있다.

이와 함께 행정기구 개편으로 일대일로 전략에 탄력을 더했다 2005년에 설립된 국가에너지영도소조는 국가에너지국(2008)과 국가에너지위원회(2010)로 기능을 분산하여 정부 차원의 에너지 안보 체계를 재정립했다.[68] 2013년 7월 국가에너지위원회의 주임은 리커창이, 부주임은 장가오리 부총리가 맡았으며, 장관급 인사로 조직을 구성했다.[69] 2014년 1월에는 중앙국가안전위원회를 설립했다.[70] 중앙국가안전위원회는 중국의 국내외 문제를 종합적으로 대처하기 위한 컨트롤타워로서 전통적인 안보 문제를 포함해 경제 안보, 에너지 안보, 문화 안보 등 전 분야에 걸친 대응 기구다.

중국은 이로써 국가안전위원회라는 중앙 컨트롤타워와 함께 기존 국가에너지영도소조의 업무가 기능에 따라 국가에너지국과 국가에너지위원회로 정립되면서 일대일로 전략 내의 안보와 에너지 공급 문제에 대한 행정 능력을 개선했다.

중국에게 유라시아의 문 열어준 러시아

2013년까지 시진핑 정권은 일대일로의 전체적인 윤곽을 완성하고, 2014

년부터 일대일로를 홍보하기 위한 대외 활동을 본격화했다. 시진핑과 리커창은 국제사회에서 양자·다자·지역 협력체에 일대일로를 홍보했으며, 대국·주변국·개발도상국·지역협력체에도 홍보와 협력 방안을 직접 제시했다. 시진핑은 특히 신형대국관계를 내세우며 미국, 러시아, 유럽연합과의 교류에 집중했다.

시진핑의 외교 행보에서 일대일로에 가장 힘을 실어준 대국은 러시아였다. 러시아는 처음에 중국의 실크로드 경제 벨트 제안에 반대하는 목소리가 컸다. 중앙아시아 지역에 중국이 경제력을 확장하려는 것이라 판단한 것이다.[71] 러시아는 EurAsEC(유라시아경제공동체)을 통해 중앙아시아 지역을 러시아의 경제력에 묶어두고 SCO를 통해 중국이 지역안보협력에 참여하게 해 역내 미일+EU와 힘의 균형을 형성하려 했다. 중러 양국은 SCO를 두고 동상이몽이었다. 러시아는 중국이 서진을 통해 실크로드 지역 내 영향력을 확장하는 것을 우려했다.

그러나 중러 관계의 반전은 중국의 대러시아 투자, 국제사회의 대러시아 국제 제재에서부터 시작됐다. 러시아는 2014년 2월 소치 올림픽 개최로 인해 많은 투자가 필요했고, 중국이 러시아에 투자하면서 양국 관계는 더 가까워졌다. 올림픽 개막일에 시진핑은 소치에서 푸틴과 정상회담을 진행했다. 당시 시진핑은 '실크로드 경제 벨트'와 '21세기 해상 실크로드'에 러시아가 참여해주길 원한다고 밝혔다. 푸틴은 이에 러시아는 적극적으로 일대일로에 연계할 것이라고 밝혔다.

시진핑과 푸틴의 정상회담에서 또 다른 대화 주제는 우크라이나 문제였다.[72] 2014년 2월 우크라이나의 빅토르 야누코비치 대통령은 부정부패

협의와 친러시아적 정책으로 탄핵됐다. 이에 반발해 친러 성향의 크림 반도 주민의 시위가 일어나고, 이에 크림반도 주민 보호를 명분으로 러시아가 군대를 파견했다. 3월 크림 반도는 주민 투표에 의해 러시아의 일부가 됐다. 러시아는 이로써 국제 제재를 받았다.[73] 대러시아 국제 제재는 러시아 루블화의 평가절하로 이어졌다. 동시에 미국의 셰일가스 혁명으로 세계의 원자재 가격이 전체적으로 하향하자 에너지 강국인 러시아 경제는 직접적인 타격을 받았다. 러시아 루블화를 사용하는 CIS 일부 국가의 경우 러시아의 경제위기 영향을 그대로 받았다. 이는 중국이 일대일로를 추진하는 데 긍정적인 변수로 작용했다.

러시아는 중국에게 유라시아의 문을 열어줬다. 같은 해 5월, 중국은 상하이에서 CICA 제4차 정례 정상회담을 개최했다. CICA는 미국·유럽·일본의 직접적인 영향 없이 유라시아의 교통 인프라와 물류체제를 통합하는 연계성 추진을 강조했다. 중국은 2000년대부터 이미 앙골라 모델을 통해 진출한 아프리카, 미국의 셰일가스 혁명으로 새로운 해외시장을 찾는 중동 국가, 중국과 직접 국경을 마주해 연계성을 추진하는 주변국을 망라하며 일대일로를 추진하는 데 최적의 글로벌 환경을 맞이했다.

국제경제회랑을 설계하다

중국은 이런 유리한 국제 환경 속에서 국내 개발 계획을 종합하고 국제경제회랑 건설을 시작했다. 2014년 3월 제12차 전국인민대표대회 제2차 회의에서 리커창은 '정부공작보고'를 통해 동에서 서로, 연해에서 내륙으로, 강과 내륙 교통 간선을 따라 경제발전을 위한 새로운 개발 네트워크를 계획할 것이라고 밝혔다. 그는 창장 강 경제 벨트 건설, 서남·중남·동북·서북 변경 지역과 동부 연해 지역의 연계, 주장 강·환발해만·징진지 협동발전을 추진해 국내 인프라 환경을 개선하고, 동부 연해 지역의 산업을 내륙 지역으로 이전하며, 산업을 업그레이드해 중국 각 지역의 새로운 경제성장 동력을 마련할 것이라고 말했다. 이어서 그는 금융·법률·영사 등의 서비스를 보장하며, 기업의 해외 진출 시 경쟁력을 높이고, 정부 차원에서 일대일로 건설을 도울 것이라고 설명했다. 또한 중국-방글라데시-인도-미얀마를 잇는 경제회랑과 중국-파키스탄 경제회랑 건설을 포함해 중국의 인도양 진출과 관련한 건설에 대해서도 언급했다.[74]

같은 달 장가오리는 제12차 전국인민대표대회 제2차 회의 헤이룽장 성 대표단 심의에 참여해 헤이룽장 성을 러시아와 동북아시아 개방의 주요 허브로 건설해야 하며, 변경 지역의 개방 역량을 확대할 것이라고 밝혔다.[75] 이에 더해 시진핑은 11월 베이징에서 중국 주변국 정상들과 아시아 연계성의 중요성과 실크로드 기금 마련을 언급하며 국제경제회랑 건설에 힘을 실어주었다.

중국은 유라시아 내륙지역과 주변의 해양 연결을 중심으로 국제경제회랑을 디자인했다. 중국 변경 지역을 축으로 한 내륙 게이트웨이가 창장 강 경제 벨트나 징진지 경제체를 거쳐 동부 연안으로 집중되어 태평양으로 연결되는 방향을 골간으로 삼았다. 대표적인 예가 카자흐스탄에서 신장웨이우얼자치구를 경유해 동부 연해로 연결되는 라인이다. 중국은 이를 단방향으로 생각하지 않고 쌍방향으로 진행해 다른 대륙과 해양으로 진출하는 '게이트웨이'로 설계했다. 중국은 러시아의 볼가 강 유역인 프리볼시스키 사마라 공단과 중국의 창장 강 상류에 위치한 충칭을 연계해 발트해+볼가 강+TCR+창장 강+태평양 라인을 주요 간선으로 형성했다. 중국은 이를 뼈대로 대서양, 지중해, 발트해, 걸프만, 인도양, 한반도 동해에 걸친 해양으로 진출할 수 있는 내륙 경제회랑을 전 방위로 설계했다.

요컨대 일대일로 구상은 공간 베이스의 글로벌 자유무역지대 공동 건설을 그 주요 내용으로 한다. 중국은 공간 네트워크 속에서 중국의 물류 허브화, 에너지자원 공급원 다원화, 상품·재화·서비스 해외시장 다원화, 인프라 건설 시장 확보, 지역별 중국의 영향력 확장 등의 국가 이익을 추구한다. 또한 일대일로 구상은 유라시아와 아프리카 대륙에만 국한된 것이 아니라 세계 전반의 연계성을 구축하기 위한 글로벌 구상이다.

2

일대일로의 탄생 비화

에너지 실크로드를 걸어라

실크로드 부활, 중국의 포석

일대일로의 시대가 열린다

에너지 실크로드를 잡아라

각국의 실크로드 개발 프로젝트

1장

강대국의 실크로드는 에너지 실크로드다

일대일로는 '실크로드 경제 벨트'와 '21세기 해상 실크로드'로 구성된 국제 개발 전략이다. 사실 실크로드 개발 전략을 중국이 가장 먼저 시작한 것은 아니다. 다른 공간 범위, 다른 개발 성격으로 실크로드라는 명칭이 붙은 개발 전략은 이미 다양하게 존재했다. 유럽의 TRACECA(교통회랑계획), 미국의 실크로드 법안, 일본 주도의 ADB 개발계획이 그랬다. 경제대국뿐 아니라 카자흐스탄, 인도, 터키, 러시아 등도 개발 프로젝트를 발표하며 자국과 연결되는 실크로드 개발에 참여했다.

일대일로는 2013년에 혜성처럼 나타난 전략이 아니다. 마셜플랜에서 미국·EU·일본·유라시아 국가들의 연계성, 여기에 중국 자체의 해외진출 전략이 바둑판처럼 얽히고 종합되어 '일대일로 구상'이라는 이름으로 등장한 것이다. 공간이라는 바둑판 위로 중국의 일대일로 전략을 포함해 미국, 유럽연합, 일본, 역내 국가의 실크로드 개발 프로젝트의 모든 미사

여구를 걷어내면 에너지자원, 해외시장, 영향력 이 세 가지가 남는다.

에너지자원 확보와 안전한 운송을 위해

미국, 유럽, 동아시아는 세계경제의 3대 축이다. 여기에 인도, 중남미, 동남아시아, 중동 지역도 신흥 지역 경제체다. '지속 가능한 발전'의 핵심은 석유, 천연가스, 석탄과 같은 에너지자원 확보와 안전한 운송이다. 미국·유럽연합·일본·중국 등 에너지의 대외 의존도가 높은 국가일수록 에너지 부국에 ODI(해외직접투자)·ODA(공적개발원조)를 확대하고, 자국 주도의 다자개발은행을 통해 금융 지원을 제공해 복합 인프라 개발 계획을 제시하며 자국에 유리한 조건으로 에너지자원 확보와 인프라 건설 수주를 유치했다. 강대국은 이런 금융·융자 플랫폼으로 새로운 상품·서비스·자본 시장을 개척했다.

북미·유럽·동아시아라는 3대 경제권 중간에는 중동, 아프리카, CIS, 남미, 오세아니아 등이 있다. 이곳은 에너지자원을 포함한 천연자원의 보고다. 그리고 공교롭게도 동서양의 주요 경제체가 교류하는 주요 물류 노선이며, 고대에는 이곳을 실크로드라 불렀다. 자원은 풍부하지만 경제발전 조건이 열악한 이들 지역은 에너지자원 수출에 의존하면서 오일머니를 통해 상품·서비스를 수입한다.

19~20세기 제국주의 열강은 식민모국이 식민지의 천연자원, 노동력, 소비시장을 독점하고 인프라를 식민모국에 유리하게 건설했다. 미국은 제2차 세계대전 이후 세계를 복원하면서 무역, 금융, 투자, 개발, 난민 구

원, 안보 등을 위한 국제기구를 설립했다. 이후 교통과 통신의 발달로 공간의 한계를 극복하게 되어 인적·물적·정보의 교류가 활발해졌다. 또한 글로벌 자본의 유동성이 활성화된 국제 금융 시스템이 형성됐다. 식민모국과 식민지 간의 독점 구조는 종식됐다. 그 대신 개발도상국의 에너지자원, 해외시장, 인프라 건설 시장 등을 차지하기 위한 경제대국 간의 공간개발 경쟁이 치열해졌다.

이런 희소한 자원을 둘러싼 국제 경쟁이 가열되면서 상대국을 견제하고 봉쇄하는 전략이 전개되고 있다. 대표적인 예로 미국, 유럽연합, 일본, 중국은 자국 주도의 다자개발은행을 설립하고 기금을 마련해 중동, 아프리카, 남미, CIS, 동남아시아를 둘러싼 개발 경쟁을 진행하고 있으며 합종연횡 방식으로 역내 국가나 지역경제협력체와의 연계성을 추진하고 있다.

개입과 봉쇄, 네트워크 주도권을 잡아라

경제대국은 실크로드 개발을 통해 역내 국가와 함께 각자의 국익에 부합하도록 인프라를 건설하고, 다른 경제대국의 영향력을 견제하기 위한 전략도 진행했다. 여기서 개입Engagement과 봉쇄Containment 전략을 이해할 필요가 있다. 개입 전략은 에너지·안보·무역·개발·경제·문화 분야에서 상대국에 개입(포용)하며 영향력을 확장하는 것이고, 봉쇄 전략은 타국의 영향력 확장을 견제하는 것을 의미한다.[1] 예를 들어 미국과 일본은 중앙아시아 개발에 참여하여 중국·러시아의 영향력 확장을 견제했을 때 미국과 일본은 중앙아시아에 개입 정책을 펼쳐 중·러에는 봉쇄 전략을 전개한 것이다. 기존의 개입과 봉쇄 전략이 군사안보 분야에서 '힘의 균형'을 실현하기 위한 것이었다면, 현재는 에너지자원과 해외시장을 확보하기 위한 지정학적 네트워크 주도권 경쟁이다.

이런 강대국의 개입과 봉쇄 전략을 위한 역내 국가를 '완충국가'와 '중심축 국가'로 구분할 수 있다. 완충국가란 강대국 사이의 완충지대 역할을 담당하는 국가를 말하며,[2] 중심축 국가는 다양한 강대국 사이에서 균형외교를 통해 적극적으로 국익을 추구하는 국가를 말한다.[3]

제국주의 시대에는 강대국과 약소국의 관계가 지배국-식민지 관계로서 독점 구조와 비합리적인 지배체제로 굴러갔지만, 오늘날엔 지리적 요충지, 내수시장 규모, 에너지자원을 포함한 천연자원, 정부의 제도적 혜택, 저렴한 인건비와 우수한 인재 풀, 안정적인 국내외 정세와 사업 지속성 보장 등의 경제적 매력을 가진 개발도상국이 강대국의 완충지대나 중심축 국가로서 균형외교를 전개한다.

또한 ASEAN과 같은 지역협력체가 국제사회에서 균형외교를 통한 지역 전체의 이익을 추구하기도 한다. 개발도상국이나 지역경제협력체는 국제사회에서 다자개발은행, 다자투자기금, 국제펀드, ODI, ODA 등의 자본을 수용하며 안보·무역·개발·투자·원조 등의 협력 시스템에 직접 참여하기도 한다. 이런 상황 속에 전 세계를 둘러싼 강대국의 개입과 봉쇄 전략 그리고 개발도상국과 지역협력체의 균형외교가 종합되면서 각자의 경제 이익에 부합하는 공간 개발이 진행되고 있다.

'먼저 도착한 국가'와 '후에 도착한 국가'

경제대국은 에너지자원 부국을 둘러싼 실크로드 개발 전략을 추진했다. 실크로드 개발을 추진했던 경제대국은 먼저 도착한 국가와 후에 도착한 국가로 나눌 수 있다. 1992년 실크로드 지역에 먼저 도착한 국가는 미국, 유럽연합, 일본이다. BP 자료에 따르면, 1992년 기준으로 미국은 세계 전체 소비량에서 석유 24퍼센트와 천연가스 28.6퍼센트, 유럽연합은 석유 20.9퍼센트와 천연가스 16.4퍼센트, 일본은 석유 8퍼센트와 천연가스 2.6퍼센트로 높은 소비 비중을 보였다.[4] 1991년 12월 소련 해체 이후 미국, 유럽연합, 일본이 IBRD, EIB, EBRD, ADB 등의 다자개발은행, 각종 기금, 대외원조를 통해 실크로드 지역 개발을 추진했던 것도 상대적으로 높은 에너지자원 소비량과 관련이 있었다.

후에 도착한 국가는 중국, 인도, 러시아다. 1992년 중국은 세계 전체 소비량 중 석유 4.1퍼센트와 천연가스 0.8퍼센트, 인도는 석유 1.9퍼센트와 천연가스 0.7퍼센트로 소비량 비중이 비교적 낮았다. 러시아 역시 소련 해체 직후 경제 악화와 서양의 투자에 의존하는 원외遠外 전략으로 다른 CIS 국가에 대한 영향력이 약화된 상태였다. 이런 이유로 1990년대는 기존 선진국을 주축으로 고대 실크로드 지역을 둘러싼 에너지 물류 라인 개발 계획이 먼저 형성됐다.

2000년대 들어 브릭스를 중심으로 한 신흥경제국은 차츰 에너지 자원 소비량을 늘려갔다. 에너지자원 부국 러시아는 2004년 푸틴 대통령이 러시아 복합 에너지 기업인 가스프롬의 주식 50퍼센트 지분을 유지하며 국가 통제하의 국영 에너지 기업을 재출범시켜 세계 에너지 시장에서 러시아가 차지하는 영향력을 끌어올렸다.[5] BP 자료에 따르면, 2015년 기준으로 중국은 1992년에 비해 석유 소비량이 322.7퍼센트 증가해 세계 2위, 천연가스 소비량은 1100퍼센트 증가해 세계 3위다. 인도도 1992년 석유 소비량에 비해 214.8퍼센트 증가해 세계 3위, 천연가스 소비량은 237.0퍼센트 증가세를 보였다. 신흥국가의 에너지 자원 소비량이 증가하면서 자연스럽게 신흥국 주도의 에너지 자원 확보와 물류라인 개발 계획이 형성될 수밖에 없었다. 중국, 인도, 러시아는 2000년대 들어 중동, 아프리카, 실크로드 지역 개발에 후발주자로 참여하기 시작했다.

'먼저 도착한 국가'는 에너지자원 부국에 개입하는 전략에 더 방점을 두었는데, '후에 도착한 국가'는 '먼저 도착한 국가'의 실크로드 개발 프로젝트와 자국 국내 간의 연계성 실현을 위한 전략을 강구했다. 미국, 유럽연합, 일본 등은 역내 국가인 중국, 러시아, 이란을 견제하며 개입과 봉쇄 전략을 취했다.

핵심은 새로운 물류 라인 개발

에너지자원은 해양과 내륙의 물류 라인을 타고 에너지자원 소비국으로 이동한다. 에너지자원의 물류 라인을 보면 에너지자원 생산국, 통과국, 에너지자원 가공·소비국으로 구분할 수 있다. 유럽을 예로 들면, 러시아는 천연가스 주요 생산국, 우크라이나는 주요 통과국, 서유럽은 에너지 소비국이다. 에너지 생산국과 통과국은 선진국에는 새로운 상품시장이자 건설 시장이다. 또한 강대국의 이해가 상충하는 요충지기도 하다. 세계의 주요 산유국은 걸프 만, 카스피 해, 시베리아, 아프리카 대륙, 중남미에 집중되어 있다.

주요 산유국에서 대륙별 소비시장으로 연결되는 주요 물류 라인을 살펴보면, 아시아 수출 라인은 주로 걸프 만·호르무즈 해협·인도양·믈라카 해협·남중국해로 이어지는 해운 라인, 태평양 라인, 카스피 해·중앙아시아·중국의 내륙 라인, 러시아 시베리아와 극동 지역 라인이 있다. 유럽은 걸프 만·호르무즈 해협·바브엘만데브 해협·수에즈 운하의 지중해 라인, 카스피 해나 러시아의 시베리아·흑해·지중해·내륙의 파이프 라인, 러시아·발트 해 라인, 대서양 라인이 있다. 미국은 파나마 운하를 축으로 태평양, 대서양 해운 라인과 캐나다나 중남미 내륙 라인 등이 있다.

에너지자원의 안정적인 물류 라인 확보, 물류 시간과 비용 절감을 위한 새로운 물류 라인 개발은 모든 국가의 핵심 전략이다. 강대국은 에너지자원 확보를 위해 에너지자원 생산국과 연선沿線 국가에 개입하는 전략을 전개하며 협력한다. 에너지 대외 의존도가 높은 경제대국은 자국 주도의 금융·융자 플랫폼을 통해 에너지 공급처-통과국-소비국을 묶어 인프라를 건설하고 통관과 관세 제도를 간소화하는 등 단일한 경제권을 지향하게 되는데, 이 전략이 연계성이다.

EU와 남미는 특수하지만, 선진국이나 신흥국은 처한 상황에 따라 연계성 전략이 다르다. 미·일을 포함한 선진국 다수는 유라시아 지역의 역내 국가가 아니다. 중국·러시아·인도를 포함한 신흥국은 유라시아 역내 국가다. 이러한 특수성으로 미국·일본은 주로 발달된 금융·융자 시스템으로 자국의 기금이나 자국 주도의 다자개발은행을 토대로 기업 중심의 투자를 진행한다. 자본 중심의 세계화 과정과 비슷하다.

신흥국은 유라시아 국가들과 공간으로 직접 연결이 가능하기 때문에 자국의 영토와 대상국을 인프라로 직접 연결할 수 있다. 미·일은 중·러를 견제하며 완충지대를 활용하지만 EU는 TRACECA를 통해 직접 연결이 가능하므로 중국·러시아·인도를 포함한 아시아 지역과의 연계도 모색할 수 있다.

각 국가들은 각자가 처한 지리적 위치와 비교우위에 따라 각 국가의 지리적 위치와 에너지자원·상품·인프라·자본·서비스 분야에 걸친 공급지와 소비시장을 연계하고 경제적 개입 전략을 전개한다. 이렇듯 강대국의 실크로드는 에너지 실크로드이며, 복잡한 국제 정세 전략으로 점철된 바둑판이라고 할 수 있다.

실크로드로 모여드는 자본

1989년 12월 냉전시대가 저물었다. 조지 부시 당시 미국 대통령과 고르바초프 당시 소련 공산당서기장은 몰타에서 냉전 종식을 선언했다. 비슷한 시기에 동유럽 공산권도 붕괴됐다. 프랑수아 미테랑 당시 프랑스 대통령은 동유럽의 경제발전과 개발을 위한 다자개발은행 설립을 건의했고, 그 결과 1991년 4월 런던에 EBRD(유럽부흥개발은행)가 설립됐다.[6] 1991년 유럽연합 집행위원회와 EIB(유럽투자은행)가 EBRD에 참여함으로써 EC(유럽공동체, 1993년 이후 EU) 내 모든 국가가 EBRD에 참여하게 됐다.[7] 유럽은 전후 미국에게 받았던 마셜 플랜의 방식대로 고대 실크로드 개발에 나섰다.

현대적 의미의 첫 실크로드 개발 프로젝트

유럽은 1970년대부터 소련에서 파이프를 통해 천연가스를 공급받았다.

이러한 대러시아 에너지자원 의존도를 줄이기 위해 카스피 해 일대의 에너지 공급처 개발과 유럽과 카스피 해의 통과국을 연계하는 개발 계획을 준비했다. 그 계획이 유럽-흑해-캅카스-카스피 해-중앙아시아의 '유럽-캅카스-아시아 TRACECA(교통회랑계획)'이다. 중동은 걸프 만-호르무즈 해협-인도양의 해운으로 원유나 천연가스를 운송하지만, 내륙의 호수나 다름없는 카스피 해 지역에서는 주로 파이프를 통해 운송한다. 유럽은 TRACECA 건설로 에너지 물류 라인 다원화를 모색했다.

TRACECA는 1993년 5월 브뤼셀 회의에서 처음 제안되어 무역·교통과 관련한 개발 프로젝트로 시작됐다.[8] 현대적 의미의 첫 실크로드 개발 프로젝트다. 옐친 당시 러시아 대통령은 서양국가들이 러시아에 투자해주길 희망했지만 유럽은 러시아를 경유하지 않는 에너지 라인을 개발함으로써 러시아의 에너지 패권을 견제하는 모습까지 보였다.[9] 유럽발 TRACECA는 실크로드 개발을 둘러싼 국제사회의 경쟁에 방아쇠를 당겼다. 고대 실크로드 라인은 에너지자원이 풍부하지만 인프라가 열악하며 잠재적 소비시장이 존재하는 곳으로, 유럽·중동·남아시아·러시아·중국과 인접해 있다. 강대국은 에너지자원 개척, 인프라 건설 수주, 새로운 해외시장을 확보하기 위해 실크로드 지역에 주목했다.

'고대 실크로드의 부흥'을 위해

미국과 유럽은 냉전 종식 직후 '밴쿠버에서 블라디보스토크까지'와 '유럽-대서양공동체'라는 구호로 대서양을 축으로 한 유라시아 지역 개발을 추진했다.[10] 미국과 유럽은 대서양-지중해-흑해-카스피 해-아시아 개발 전략을 설계하면서 흑해와 카스피 해를 연결하는 캅카스 지역을 핵심 연결고리로 생각했다. 소련 해체 이후 '힘의 공백'이 발생한 지역에 가장 '먼저 도착한 국가'는 미국과 유럽 여러 나라였다. 미국과 유럽은 러시아가 국력을 회복해 구소련 지역의 구심력을 재구축하는 것을 방지하기 위해 NATO와 EC의 범위를 동유럽 지역으로 동진東進하는 한편, 카스피 해를 축으로 한 경제 개입을 본격화했다.

그 하나로 1998년 9월 TRACECA 참가국은 아제르바이잔의 수도 바쿠에 모여 '고대 실크로드의 부흥'을 위해 바쿠 협약을 체결했다. TRACECA의 경우 1993~1995년에는 유럽-흑해-캅카스-카스피 해-중앙아시아 일대 인프라 건설에 집중했다면, 바쿠 협약 이후에는 협력 발전 모델로 범위가 확대됐다.[11] 이에 맞춰 빌 클린턴 정권의 미국은 1999년 3월 처음으로 남캅카스 지역의 개발 원조 내용을 담은 실크로드전략법안을 통과시켰다. 주요 내용은 안정, 민주, 시장경제 기반의 유럽-대서양공동체 건설을 위해 미국이 동서양의 축인 남캅카스에 통신, 교통, 교육, 보건, 에너지, 무역 개발을 지원한다는 것이다.[12] 미국의 1999년 실크로드 전략법안은 이후 2006, 2011년 개정되어 발전한다.

일본의 태평양발 실크로드

미국과 유럽은 대서양을 축으로 동쪽을 바라보는 전략을 마련했다. 마셜 플랜 때처럼 일본은 TRACECA에서 소외될 것을 염려했다. 유럽의

TRACECA는 일본에 크게 매력적이지 못했다. 카스피 해 인근의 자원이 일본으로 연결되기 위해서는 정반대 방향으로 움직여야 했기 때문이다. 일본은 1991년 4월 EBRD에 가입했고 유럽-아시아 연계 TRACECA에도 EBRD의 회원국으로서 참여가 가능했다. 그러나 일본은 EBRD와는 별개로 중앙아시아와의 연계를 고민했다.

***각치 외교**
1979년 당시 덩샤오핑이 일본의 대중국 투자를 끌어내는 과정에서 댜오위다오(센카쿠) 문제는 후대에 맡기자며 갈등을 잠시 접어두는 외교 전략을 구사했다.

일본은 1992년부터 시작된 미국·유럽의 대서양발 실크로드와 다르게 태평양발 실크로드 개발을 지향했다. 1990년대 초 일본은 중앙아시아 내륙 국가의 에너지자원 개발, 인프라 건설 수주, 무역과 투자 활성화를 위해 통과국인 중국·러시아와 직접 연계하는 방안을 모색했다. 중국은 당시 덩샤오핑의 각치擱置 외교*와 실사구시 노선으로 일본과 좋은 관계를 유지했다. 일본은 중앙아시아의 에너지자원을 중·러를 경유해 일본으로 공급하는 계획을 구상했다. 이렇게 중·러를 경유하는 태평양발 실크로드 구축을 준비해왔으나 결국은 한계에 봉착했다. 중앙아시아 정치체제의 불안정성과 폐쇄성, 투르크메니스탄의 외국 기업 천연가스 개발 참여 금지, 1997년 이후 중국의 경제성장과 아시아 경제위기로 동아시아 정세 전환, 러·일 간 북방 4섬 영토분쟁 등이 그 이유였다.

일본은 이런 한계에도 실크로드 개발 계획을 포기하지 않았다. 일본은 대중국 견제 전략과 러시아와의 북방 4섬 갈등 문제로 중앙아시아와 연계할 다른 루트를 개발해야 했다. 일본은 미국의 베트남 전쟁 이후 ADB를 통해 남아시아-동남아시아 라인 개발을 진행해왔다. 결국 중·러를 경유하지 않고 인도양으로 우회하는 중앙아시아-남아시아-동남아시아-남태평양-일본 연계 개발 계획을 수립했다. 중국은 신장웨이우얼자치구, 네이멍구, 윈난 성만 제한적으로 ADB 사업에 참여했다. 일본은 일본(역내국)과 미국(역외국) 주도의 ADB를 통해 CAREC-SAARC-ASEAN-일본 등 각 지역경제협력체와 연계하여 공간 개발 프로젝트를 진행했다. 이로써 중앙아시아는 유럽발 TRACECA와 일본발 CAREC가 겹치는 유일한 국제지역이 되었다. 이를 통해 중국 주변 지역에 경제적 개입 전략을 구사하고, 동시에 대중국 봉쇄 전략을 추진했다.

이로써 미국-유럽의 대서양발 실크로드 라인(대서양-유럽-흑해-캅카스-카스피 해-중앙아시아)과 일본의 태평양발 실크로드 라인(일본-남태평양-동남아시아-남아시아-중앙아시아)이 엮이며 사실상 중국과 러시아는 배제된 공간 개발 계획이 진행됐다. 당시 실크로드 개발을 위한 금융·융자 플랫폼은 주로 미국·유럽연합·일본의 개발 원조와 IBRD, EBRD, ADB 같은 다자개발은행이었다. 미국·유럽연합·일본은 실크로드 공간 위에 자국 주도의 금융·융자 플랫폼을 활용하면서 자국의 에너지자원, 원자재 가공, 각종 소비재·건설업계에 우선 혜택을 제공할 수 있었다.

아시아와 유럽을 연계하는 지역경제협력체 등장

일본의 태평양발 실크로드 전략에 힘을 실어주는 국제적 분위기도 있었다. 아시아와 유럽을 연계하는 지역경제협력체가 등장한 것이다. 1991년 12월 소련의 해체와 신생독립국의 출현 이후 대서양발 실크로드 개발과 태평양발 실크로드 개발 수요가 높아지면서 유라시아 개발을 위한 지역 안보·경제협력체가 구성됐다. 대표적인 유라시아 협력체로는 1993년 10월에 설립된 CICA(아시아교류 및 신뢰구축회의)와 1996년 3월 태국 방콕에서 첫 개최된 ASEM(아시아-유럽정상회의)이 있다. 환대서양, 환태평양, 유라시아 등 세계 3대 경제권에서 대서양공동체, APEC, 유라시아 대륙 경제협력체로서 CICA와 ASEM이 각 지역의 경제협력체 역할을 담당했다.

냉전 시기에 NATO(미국)와 바르샤바조약기구(소련) 간의 대결 구도가 지속됐다면, 냉전 이후에는 미국 주도의 NATO가 하나의 축이 되어 지역협력체와 협력하는 체제로 전환됐다.[13] 그 예로 OSCE(유럽안보협력기구)와 ARF(아세안지역포럼) 등이 있는데, CICA는 유럽(OSCE)과 동남아시아(ARF)를 연결하는 지역협력체로 설립됐던 것이다. 1990년대에는 안보·경제 분야에서 세계화와 동시에 지역화의 수요도 고조됐는데, CICA는 실크로드 공간 위의 안보·경제·개발 분야에서 중요한 지역협력체가 됐다.[14] ASEM은 2016년 기준으로 한·중·일, 유럽연합, ASEAN을 포함해 유럽, 남아시아, 동남아시아, 동북아시아, 남태평양 지역 국가와 러시아, 카자흐스탄, 몽골 등 51개국이 참여하는 유라시아의 정부 간 정치·경제협력체다. CICA와 ASEM은 유라시아 개발의 정책소통 플랫폼으로 자리매김했다.

강대국 경쟁 속 실크로드 부활의 맹아

지역경제협력체, 다자개발은행, 미국·유럽연합·일본의 전략적 개발 경쟁 열기는 동토 속 실크로드 부활의 서막이었다. 실제로 UN ESCAP(아시아태평양경제사회위원회)는 1994년 11월 '철의 실크로드' 방안을 제시했고, 1996년 초에는 ADB의 지원으로 아시아 고속도로 건설 방안도 제시했다.[15] 마하티르 모하맛 당시 말레이시아 총리는 1995년 12월 ASEAN 제5차 정상회담에서 싱가포르에서 중국 윈난 성 쿤밍에 이르는 범아시아 국제 철로 라인을 역설하고, 다시 1996년 3월에 태국 방콕에서 첫 개최된 ASEM 회의에서 범아시아 국제 철로 네트워크를 제안했다.[16] 당시 마하티르의 제안은 1960년 UN ESCAP에서 제안한 범아시아 철로 네트워크 구상에서 기인하는데, 동남아시아-방글라데시-인도-파키스탄 등을 거치는 구간으로 발전했다.

한편 2006년 11월 중국과 러시아를 포함한 18개의 UN ESCAP 대표가 부산에 모여 '범아시아 철로 네트워크 정부 간 협의문'을 채택해 동남아시아-남아시아-중동으로 연결되는 범아시아 라인의 범위를 확장했다. 그 해 발표한 국제 철로 라인은 북방 라인(한반도-러시아-중국-몽골-카자흐스탄), 남방 라인(중국 남방-미얀마-인도-이란-터키), 남북 라인(러시아-중앙아시아-걸프 만), 중국·동남아 라인이었으며, 28개국이 참여하고 총 길이 8만 1000킬로미터에 달하는 국제 철도 프로젝트였다.[17]

미국·유럽의 대서양발 실크로드, 일본의 태평양발 실크로드 그리고 실크로드 라인과 환인도양 내 지역경제협력체가 각종 금융·융자 플랫폼과 겹쳐지면서 도로, 철도, 항만, 공항, 통신, 에너지 등의 인프라 건설 계획이 구상됐으며, 일대일로의 밑그림이 그려지기 시작했다.

시베리아횡단철도(TSR)_블라디보스토크

유라시아 경제회랑, 완충지대로 부상

유라시아의 개발 계획은 정치, 경제, 사회·문화, 안보, 무역, 개발, 금융·융자, 기업 활동 분야에 걸쳐 종합적으로 진행돼왔다. 유라시아 전반의 지역 통합, 무역, 인프라 건설, 사회경제적 통합을 목표로 공간 설계와 개발 계획을 연구 및 제안한 기관은 주로 UNDP, UN ESCAP, ASEAN, ERIA(동아시아경제조사기관)다.[18] 지역 통합을 위한 각 국제연구기관의 개발 계획을 기초로 하여 미국, 유럽연합, 일본과 같은 국가의 대외원조기금(ODA, ODI), 다자개발은행(MDB), 다자투자기금(MIF)과 같은 국제자본, 글로벌 기업 등의 자본 투융자 플랫폼이 형성되어 에너지, 건설, 산업 인프라 건설에 투자된다. 국제 연구기관의 내용과 별개로 투자를 주도하는 국가의 이익에 따라 인프라의 건설 방향과 성격이 결정되기도 한다.

일본 정부는 미국, 유럽연합과 마찬가지로 지역 통합, 안보, 무역, 금융, 인프라, 사회경제 통합을 목표로 현지 국가와 정책적으로 협력하며 국익에 부합하는 개발 계획을 마련했다. 중국은 신장웨이우얼자치구, 네이멍구, 윈난 성에 걸쳐 지방 단위로 개발 계획이 세워져 있었지만, 미국·유럽연합·일본처럼 개발 계획의 중심 역할을 담당하지 못했다.

일본은 ADB를 통해 중앙아시아(CAREC), 남아시아(SAARC), 동남아시아(ASEAN), 남태평양(PIF)을 연계하는 연계성 개발 사업에 참여하고 있다. 특히 남아시아의 '동방정책'과 동남아시아의 '서방정책'에 개발 원조를 제공하며, 중동-중앙아시아-남아시아-동남아시아-남태평양을 잇는 공간 네트워크 형성의 포석을 두고 있다.

CAREC(중앙아시아지역경제협력체)에는 2016년 기준 10개국이 참여 중이며, 총 여섯 개의 경제회랑으로 설계되어 2020년 완성 목표로 인프라를 건설하고 있다.[19] 또한 현재 ADB, EBRD, IMF, IBRD 등이 참여하고 있고 일본, 유럽연합, 미국 주도의 개발 자금으로 건설이 진행 중이다.[20]

CAREC는 중앙아시아를 중심으로 서쪽은 카스피 해를 둘러싼 아제르바이잔의 바쿠, 카자흐스탄의 악타우, 투르크메니스탄의 튀르크멘바시 등의 항구도시와 연결된다. 북쪽에는 카자흐스탄을 관통하는 TCR(중국횡단철도)이 TSR(시베리아횡단철도)과 연결되는 두 개의 라인 그리고 중국-러시아 서부 노선(신장웨이우얼자치구), 중국 톈진-얼롄하오터二連浩特-몽골 자민우드-울란바토르-수흐바타르-러시아 울란우데를 연결하는 TMGR(몽골횡단철도)까지 총 네 개의 라인이 있다.

동쪽에는 신장웨이우얼자치구에서 하미哈密-투루판을 축으로 역시 네 개의 라인이 있어 중앙아시아, 남아시아로 연결된다. 첫째는 중국 신장웨이우얼자치구 투루판-우루무치-아라산커우-카자흐스탄 아스타나 라인, 둘째는 중국 투루판-우루무치-훠얼궈쓰霍尔果斯-카자흐스탄 알마티 라인, 셋째는 중국 투루판-카스喀什-우치아烏恰-키르기스스탄 비슈케크 라인, 넷째는 중국 투루판-카스-훙치라푸紅其拉甫-파키스탄 과다르 혹은 카라치-인도양 라인이다. 남쪽에는 중앙아시아 내륙 국가의 인도양 해양 진출 공간으로서 역할을 하는 파키스탄의 과다르 항과 카라치 항이 있다.

CAREC에 따라 중앙아시아와 카스피 해의 에너지자원 물류 라인이 개발되고 있다. CAREC는 중국의 초기 실크로드 경제 벨트의 전신前身이다. CAREC 가운데 신장웨이우얼의 아라산커우, 훠얼궈쓰, 우치아, 훙치라푸 등을 거쳐 연결되는 중아아시아-중동-유럽 라인이었다. 일대일로 액션플랜에서도 GMS와 CAREC를 주요 정책소통 플랫폼으로 명시했는데, 이는 일대일로의 개발 방향이 ADB가 진행 중인 공간 네트워크 플랫폼과 직접 관련이 있음을 반증한다.

ADB는 신장웨이우얼자치구, 네이멍구, 윈난 성 등 중국 전체가 아닌 중앙아시아나 동남아시아와 연계가 가능한 변경 지역을 개발 프로젝트에 포함했다. ADB는 1966년 당시 일본-동남아시아-남아시아를 연계하는 '아시아판 마셜 플랜'을 통해 아시아 내 반공反共 라인 구축을 위해 설립됐다. 결론적으로 일본은 유럽의 TRACECA와 중복되는 중앙아시아 지역을 ADB의 프로젝트에 포함하면서 카스피 해-중앙아시아-남아시아-동남아시아-남태평양을 연계하는 지정학적 세력 구축에 나선 것이다.

일본은 중국을 둘러싼 남태평양-동남아시아-남아시아-중앙아시아 개발을 ADB와 함께 주도하면서 에너지자원 개발, 인프라 건설 프로젝트 유치, 상품시장, 영향력 확장 등의 주도권을 잡게 됐다. 미국·유럽연합·일본 등의 개입 전략으로 유럽-흑해-터키-캅카스-카스피 해-중앙아시아-남아시아-동남아시아로 이어지는 유라시아 경제회랑은 냉전 종결 이후 중국, 러시아, 이란 등을 견제하는 새로운 완충 지대로 부상했다.

오바마 정권의 미국은 ADB의 중앙아시아-남아시아-동남아시아-남태평양 공간 네트워크 플랫폼을 활용해 대중국 견제를 위한 2011년 실크로드 전략 법안과 아시아 회귀 전략을 추진하게 된다. 오바마는 미국을 중심으로 TPP(환태평양)와 TTIP(환대서양)의 메가급 자유무역지대 구축을 추진하며 환태평양과 환대서양을 두 날개로 활용했다. 이와 동시에 유라시아 지역에 인도를 축으로 좌는 2011년 실크로드 전략 법안(캅카스-중앙아시아-남아시아-인도 라인), 우는 아시아 회귀 전략(인도-동남아-동북아-환태평양 지역)을 연결하며 세계 전략으로 삼았다. 오바마의 세계 전략은 완충지대에 위치한 역내 국가들과의 안보·경제 분야 협력을 강화해 미국의 영향력을 확보하고 인도를 축으로 한 띠를 형성해 중국과 러시아의 영향력 확장을 저지하고자 한 것이다.

미국, 유럽연합, 일본은 러시아, 중국, 이란 등의 유라시아 국가를 견제하면서 에너지자원, 해외시장, 인프라 건설 시장 등을 확보하며 실크로드 공간 위에서 개입과 봉쇄 전략을 전개했다. 실크로드 개발에 중국이 본격적으로 참여하면서 대중국 봉쇄를 위한 강대국의 공간 전략은 오히려 일대일로 전략과 구상의 포석이 됐다. 각 국가의 투융자 금융 플랫폼 모델은 중국의 국가자본주의 형태로 재해석되면서 중국의 벤치마킹 대상이 됐다.

실크로드 부활, 중국의 포석

2장

에너지 안보를 위한 포석

당나라 현종 때 왕적신王積薪은 바둑을 잘 두는 열 가지 비결, 즉 '위기십결圍棋十訣'을 소개했다. 그중 '동수상응動須相應'이 있는데, 바둑돌을 움직일 때는 기존의 돌과 상응하게 두어야 한다는 뜻이다.

일대일로는 2013년에 갑자기 발표된 개발 전략이 아니다. 일대일로는 국제사회의 구조 변화, 강대국의 공간 개발 전략, 개혁개방 이후 중국 역대 지도부의 국가종합전략 등이 통합돼 탄생한 국제 전략이다. 중국은 동부 연해와 서부 지역을 연계하는 국내 개발을 진행하는 동시에, 중국 기업의 활동 무대를 주변국을 포함해 아프리카, 동남아시아, 이란, 중앙아시아로 확장했다. 중국은 국내외 공간 네트워크 플랫폼 위의 개발 지점 하나하나를 서로 상응시키며 전체 대국과 호흡하게 만들었다. 이런 포석 위로 2013년 일대일로를 국제사회에 제안함으로써 유라시아, 아프리카, 환인도양 공간 위에서 연계성을 전개하며 중국의 바둑 집을 확보하고 이런 유리한 조건을 통해 아시아태평양 지역에서 미국과의 바둑 대국을 준비하고 있다.

모든 시작은 에너지자원이다

중국 경제가 빠르게 성장한 것은 우연이 아니다. 중국은 자원의 소비와 물류의 효율성을 높이고 새로운 자원 공급원, 해외시장을 개척하며 국제사회의 거친 풍랑 속에서도 높은 경제성장을 유지할 수 있었다. 중국은 1978년 개혁개방 노선을 채택해 주로 외국 자본을 유치하는 인진라이引進來 전략에 집중했다. 이후 자본을 축적하기 시작하여 1993년부터 중국 자본과 기업이 해외로 진출하는 쩌우추취走出去 전략을 치밀하게 준비했다. 모든 시작은 '에너지자원'이었다.

중국은 개혁개방 초기 큰 내수시장을 담보로 화교 위주의 해외 기업과 외국인 직접 투자를 유치하며 고정자산 대규모 투입 방식으로 동부연해 중심 규모의 경제를 키워 나갔다. 1994년부터는 관리변동환율제를 도입해 외환 관리를 합리화했고, 동시에 미국 달러 변동의 영향을 적게 받으며 저렴한 인건비를 통한 노동 집약적 산업을 발전시켜 경제성장을 본격화했다.

중국의 경제성장과 석유 소비량 증가액은 정비례한다. 중국은 원래 에너지 자원 자급자족이 가능한 국가였으나 개혁개방 이후 꾸준히 석유 소비량이 증가했다. 1993년부터는 석유 소비량(1억 4590만 톤)이 국내 생산량(1억 4400만 톤)을 초과하며 석유 수입국가로 전환되었다. 중국은 2002

년에 일본의 석유 소비량을 추월했으며, 2015년에는 석유생산량(2억 1460만 톤)과 석유소비량(5억 5970만 톤)의 차이가 -3억 4520만 톤이 발생했다. 이는 이 수치만큼 중국이 해외에서 석유를 수입해야 함을 의미한다. 이것이 중국이 해외 진출을 통해 끊임없이 새로운 에너지자원 공급처를 개척해야 하는 이유다.

대외 석유 의존도가 높아짐에 따라 중국은 새로운 에너지 공급처, 안정적인 물류 라인, 새로운 해외시장 개척 등의 해외 전략을 마련했다. 석유의 안정적 공급과 해외시장 개척 등을 위해 중국은 미국·유럽연합·일본 등의 전략적 틈새를 공략했으며, 빠른 경제성장으로 국내외 개발 계획을 연계했다.

중국 우한武漢 대학의 양쩌웨이楊澤偉 교수는 이런 중국의 에너지 안보를 3단계로 설명한다. 1단계는 1949~1992년, 중국의 에너지자원 자급자족 시기다. 2단계는 1993~2002년, 에너지 공급 안보 시기다. 중국은 본격적으로 에너지 수입국으로 전환하게 되면서 에너지 안보에 집중하게 됐다. 3단계는 2003~현재로, 에너지 개척과 효율적인 물류 노선 개척 시기다.

중국은 1990년대에 중동과 북아프리카를 주요 석유 공급처로 삼았는데, 2001년 9·11테러 이후 미국의 중동 개입을 시작으로 새로운 에너지자원 공급원을 개척해야 했다. 또한 2003년 러시아와의 에너지자원 협력이 일본에 의해 흔들리면서 에너지 안보 위기를 겪었다. 이런 상황에서 중국은 더 적극적으로 새로운 에너지 공급처와 안정적 물류 라인 구상에 집중했다.[21]

1단계 세고취화勢孤取和
_고립된 상황에서는 '평화'를 취하라

중국은 1949년 10월 정부 수립 이후 소련에만 의존하는 외교 노선을 택했다. 소련의 석유 지원으로 국가경제를 운영하고 있었던 중국은 1956년 흐루쇼프가 등장한 이후 소련과의 관계에 금이 가기 시작했다. 그리하여 소련의 원조 대신 중국 내 유전 개발을 통해 에너지자원을 확보하기에 나섰다.

중국은 1959~1962년에 헤이룽장 성의 다칭大慶 유전과 산둥 성 황허 강 하류의 성리勝利 유전을 개발했고, 1963년까지는 다강大港 · 장한江漢 · 랴오허遼河 · 창칭長慶 · 허난河南 · 화베이華北 · 중위안中原 등의 유전을 개발해 에너지자원 자급자족 국가가 됐다.[22] 1973년부터는 원유를 일본, 필리핀, 태국, 루마니아 그리고 홍콩으로까지 수출했다.[23]

국교 정상화로 공간 확보에 나서

중소 갈등 이후 마오쩌둥의 중국은 국제사회로부터 고립된 상태였다. 미국 중심의 자유진영은 물론이고 일본 주도의 ADB가 일본-동남아시아-남아시아 개발과 원조를 진행하는 상황이었으며, 소련은 몽골·아프가니스탄·베트남에까지 소련군을 주둔하거나 암묵적으로 지원했다. 하지만 덩샤오핑의 중국은 달랐다. 1972년에는 일본과 국교를 정상화하고, 1978년 12월에는 개혁개방 노선을 채택했으며, 1979년에는 미국과 국교를 정상화했다.

덩샤오핑의 집권 초기에도 낙관적인 상황은 아니었다. 중국은 1972년부터 자유진영 국가와의 국교 정상화로 동부 연해 지역을 전초기지에서 경제무역지대로 점차 전환해나갔다. 그러나 소련 진영으로 둘러싸인 동북 3성과 네이멍구·간쑤·신장웨이우얼 지역, 베트남을 포함한 동남아시아 국가와 인접한 윈난·광시좡족자치구, 인도와 국경 문제로 갈등 국면에 있던 티베트 등은 여전히 화약고로 남아 있었다.

'위기십결'의 열 번째는 '세고취화勢孤取和'다. 고립된 국면에서 평화를 취한다는 뜻이다. 덩샤오핑은 중국의 고립된 국면을 타파하기 위해 평화를 추구했다. 중국은 일본, 미국에 이어 1989년 소련과의 관계 정상화를 추진했다. 이러한 덩샤오핑의 실사구시實事求是 외교 노선으로 중국은 동부 연해-미국·일본, 동북 3성·네이멍구·간쑤·신장웨이우얼자치구-소련·몽골이라는 공간 플랫폼을 형성하게 됐다. 더구나 1992년까지 중국은 동남아·남아시아를 포함한 동서남북에 위치한 대부분의 국가와 국교를 정상화하면서 일대일로의 국내외 연계 공간을 확보했다.

덩샤오핑은 이런 외교 노선과 함께 선 동부출선, 후 서부대개발 전략인 양개대국론을 주장하며 국내 공간 개발 전략을 내세웠다. 또한 미국을 포함한 자유진영뿐 아니라 소련 중심의 공산진영, 제3세계로의 개방 의지를 밝혔다. 이를 뒷받침한 두 인물이 있다. 1979년 경제특구 설립을 주장하며 모델을 마련한 시중쉰習仲勳과 덩샤오핑의 3대 개방 노선을 공간 네트워크로 발전시킨 페이샤오퉁費孝通이다.

도시 버전의 일대일로 제안한 시중쉰

시중쉰은 시진핑 주석의 아버지다. 그는 1979년 4월 광둥 성廣東省 위원회 제2서기로서 선전深圳-주하이珠海-산터우汕頭와 홍콩-마카오-타이완을 연계한 '무역합작구貿易合作區' 설립을 중앙에 건의했다. 이를 보고받은 덩샤오핑은 중앙의 재정 상황이 좋지 않으니 광둥 성 스스로 경제 발전을 실현하라고 답했다.

중국은 그 해 7월 '중공 중앙, 국무원이 비준한 광둥 성과 푸젠 성의 대외경제활동 실행 특수 정책과 활성화 실시에 관한 두 개의 보고'를 정식으로 채택했다. 그리고 이 보고서의 내용에 따라 광둥 성과 푸젠 성의 개발 계획, 재정, 금융, 물가 등의 자주권을 보장했다. 또한 스스로 대외무역을 결정할 수 있는 자주권을 허가했는데, 그리하여 가공·보상무역·합자경영 등의 정책을 성省 스스로 결정할 수 있게 됐다.[24] 이로써 선전·주하이·산터우·샤먼廈門 등이 수출특구로 지정됐고, 1980년 3월 수출특구는 경제특구로 개칭됐다.[25] 이후 1988년에는 하이난다오海南島, 2010년에는 카스와 훠얼궈쓰가 추가 지정됐다. 1980년 8월 제5차 전국인민대표대회 상임위원회 제15차 회의에서 광둥 성의 선전·주하이·산터우, 푸젠 성의 샤먼에 경제특구 설립이 비준됐다.[26]

시중쉰의 경제특구 방안은 도시 버전의 일대일로였다. 특히 선전과 홍콩은 무역(내수무역), 인프라, 통관, 에너지, 금융, 산업 벨트 분야 전반으로 연계됐다. 선전은 홍콩의 배후지이자 가공기지, 내수시장 등의 공간이 됐고, 홍콩은 선전의 금융, 서비스, 과학기술 분야의 발전 방향이자 선진국과 교류할 수 있는 플랫폼이 됐다. 중국 내륙이 당시 홍콩에 석유를 수출했다는 점, 중국 중앙이 선전에 개발 계획, 재정, 금융, 물가 등의 자주권을 부여했다는 점, 선전이 저렴한 임금 기반의 노동 집약형 산업을 통해 홍콩의 배후지 역할을 했다는 점 등에서 선전과 홍콩의 연계는 하나의 산업 벨트로서 도시형 일대일로의 모습을 보였다.

경제특구는 지역적 우위, 특수한 정책, 인프라 구축, 외자 유치, 선진기술 개발, 경영 경험 축적 그리고 국제사회와의 연결로 시장경제 중심의 운영 방식을 채택했다. 그리하여 1979~1984년 연평균 경제성장률이 23.17퍼센트에 달했으며, 같은 기간 중국 전체 평균 성장률의 2.42배에 달했다.[27] 시진핑의 일대일로 역시 시중쉰의 영향이 있었음을 짐작해볼 수 있는 부분이다.

중국 전 지역을 개방하다

1984년 4월 중국은 열네 개의 항만도시[28]를 개방함으로써 점에서 선으로 확장할 수 있는 거점을 마련했는데, 이들 도시는 현재 해상 실크로드의 주요 거점 도시이기도 하다. 중국은 광저우廣州와 푸젠 성 중심의 경제특구에서 시작한 개방 지역을 동부 연해 지역으로 확대하며 점을 선으로 연결했다. 덩샤오핑은 또한 동부 연해의 자본이 중국 서부 지역으로 확대될 수 있도록 포석을 마련했다. 덩샤오핑의 개방 전략은 각 지역의 도시군城市群을 형성했으며, 각 도시군은 다시 지역별 특색에 맞추어 서로 통합됐다. 1991년 제7차 전국인민대표대회 제4차 회의에서 중국은 동부 연해 거점 중심의 개발 전략에서 지역의 비교우위를 중심으로 한 지역 간 협력 발전 전략을 발표했다. 이는 점·선·면의 개발 전략에서 면(네트워크) 시대로 전환함을 의미한다.

1992년 중국은 시장경제체제를 수용한 중국 특색의 사회주의체제를 발표해 중국 전 지역 개방체제 내용을 중국 중앙 문건에 포함했다.[29] 덩샤오핑은 그해 남순강화를 전후로 연해 지역, 연강(창장 강) 지역, 변경 지역, 내륙 지역 등을 개방했다. 환발해 지역, 창장 강 삼각주, 양안경제밀집구, 주장 강 삼각주를 경제개방구로 지정했다. 또한 창장 강 지역 주요 10개 도시[30]와 이후 네 개의 변경 지역을 연해 지역 수준으로 개방했다. 이외에도 내륙에 위치한 열한 개의 성과 자치구의 성회省會가 포함됨으로써 사실상 중국 전 지역을 개방했다.[31]

일대일로의 씨앗 뿌린 페이샤오퉁

페이샤오퉁費孝通[32]은 개혁개방 초기에 일대일로의 국내 공간 전반을 설계한 인물이다. 또한 덩샤오핑의 선부론先富論·양개대국론에서부터 장

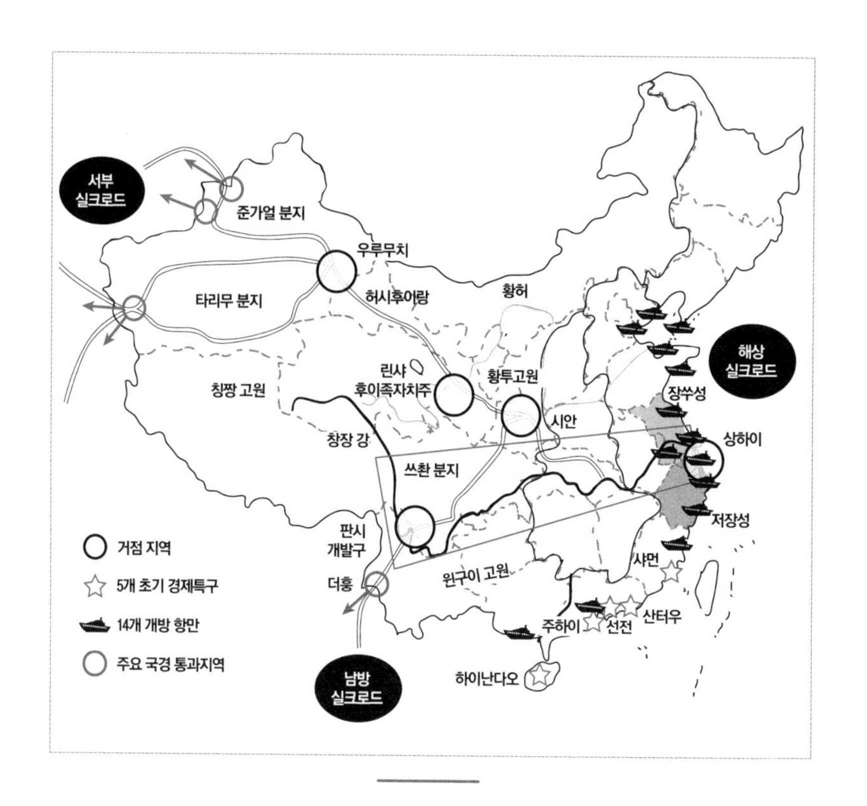

페이샤오퉁의 중국 개발 전략 구상

쩌민의 서부대개발, 후진타오의 동북진흥·중부굴기, 시진핑의 징진지 협동발전계획과 창장 강 경제 벨트 그리고 일대일로에 이르는 중국의 개발 전략을 관통하는 인물이다. 페이샤오퉁은 동부 연해, 창장 강 경제 벨트, 서부 실크로드, 남방 실크로드 등을 연결한 대외개방의 밑그림을 중국 지도부에 제공했다. 그는 또한 중국 내 각 지역의 비교우위와 그 공간에서 삶을 영위하는 민족의 특징을 토대로 하여 산업벨트를 설계해 중국 전반을 네트워킹하여 덩샤오핑의 정책에 반영했다. 즉 페이샤오퉁은 중국 전역을 돌며 중국의 지리, 민족, 개발 전략 등을 연구해 덩샤오핑의 개혁개방 정책을 실무적으로 뒷받침하며 일대일로의 씨앗을 뿌렸다.

사상의 기반을 제공하다

페이샤오퉁은 먼저 일대일로의 사상 기반을 제공했다. 1987년 그는 평화롭고 안정적인 글로벌 환경은 국가 발전의 필수불가결한 요소이며 공동번영이 평화로운 국제사회를 만든다고 주장했다. 또한 국제사회가 공동으로 번영하기 위해서는 평등을 기반으로 한 남북협력(선진국-개발도상국 간 경제기술과 무역 협력)과 남남협력(개발도상국 간 협력)이 중요하다고 말했다. 특히 남북협력에서 채무국 이자 완화, 기술 교환, 인재 양성, 선진국의 보호무역주의 완화 등 구체적인 방안을 제시하고 세계경제에서 국가와 지역을 서로 연계하고 융합하여 합리적이고 안정적인 시스템을 마련해야 한다고 주장했다. 또한 국제사회의 남북협력이 관건이라면, 중국 국내에서는 동서협력이 중요하다고 말했다. 여기서 동서협력이란 중국 동부 연해와 서부 지역 간의 협력을 의미하는 것이기도 하지만, 중심과 변방, 더 구체적으로 한족과 소수민족 간의 격차를 의미하기도 한다.[33]

페이샤오퉁은 소수민족의 민족적 특성과 공간을 계산해 자력으로 경제를 발전시킬 수 있도록 플랫폼을 정부에서 제공해야 한다고 주장하며 단결된 하나의 공동체를 지향하되 구동존이를 기반으로 한 공간 베이스의 산업, 문화 생태계 형성에 심혈을 기울였다. 페이샤오퉁의 사상은 일대일로 구상과 일치했다. 그는 덩샤오핑의 개혁개방 방향을 이해했고 덩샤오핑에게 직접 영향을 주면서 중국의 국가 전략을 이끌었다.

린샤에서 발아된 씨앗

일대일로의 씨앗은 간쑤 성의 린샤후이족자치주臨夏回族自治州에서 발아했다. 1985~1987년 페이샤오퉁은 린샤에서 여러 소수민족의 공간 플랫폼 건설을 계획해 중국 중앙정부에 제안했다. 간쑤 성 린샤는 황허 강 상류에 위치해 칭하이 성青海省의 경계와 인접한 지역이다. 횡으로는 칭하이 성 시닝西寧-하이둥海東-간쑤 성 린샤-란저우蘭州-닝샤후이족자치구寧夏回族自治州-네이멍구 등 칭짱青藏 고원-허시후이랑-네이멍구를 연결한다. 북서쪽으로는 허시후이랑을 따라 고대 실크로드로 연결되고, 남쪽으로는 황투黃土 고원과 쓰촨 분지를 경유해 동부 연해로 연결된다. 북쪽의 허시후이랑과 다양한 민족이 밀집한 룽시후이랑隴西回廊의 중간 지대인 린샤는 고대 실크로드와 칭짱 고원, 황투 고원, 쓰촨 분지, 윈구이雲貴 고원까지 연결되는 중국 서부의 요충지다.[34]

페이샤오퉁은 현장 답사를 통해 두 가지 현상을 베이스로 지역 발전 모델을 수립했다. 첫째는 린샤의 다양한 지형에서 발생하는 풍부한 자원이다. 린샤는 송나라 때부터 차마호시茶馬互市 지역으로 유명했다. 쓰촨 지역 내 한족의 농산물과 칭짱 고원의 축산물 그리고 이슬람 문화권과 남아시아-티베트-네이멍구의 불교 문화권 시장이 가로지르는 핵심 지역이었다.[35]

둘째는 다양한 소수민족의 서로 다른 수요로 인해 발생한 소비시장에서 발휘되는 회족의 비즈니스 마인드다. 린샤와 인접한 간난짱족자치주甘南藏族自治州는 칭짱 고원의 영향으로 황허 강의 퇴적이 심하지 않고 나무나 풀이 튼튼했다. 페이샤오퉁은 당시 간난짱족자치주를 답사하며 수유酥油(소나 양의 유지방)가 간난에서 티베트로 매년 약 750톤이 들어가고, 룽시후이랑의 회족과 장족이 티베트 라싸拉薩에 상점을 열었다는 것 그리고 그들이 네팔과 인도로까지 사업을 확장했다는 사실을 알고 흥미를 느꼈다.[36] 그는 린샤 방문 때 도로 양변에 가득 나와서 장사하는 회족을 발견했는데, 그들이 특산품에 그치지 않고 초기 단계의 가내수공업품까지 판매한다는 사실에 집중했다.

페이샤오퉁은 동부 연해의 자금과 기술을 들여와서 린샤와 간난 그리고 하이둥 지역을 엮어 이 지역의 지형과 민족의 특성을 활용하면 이슬람과 티베트-남아시아의 국제 시장을 개척할 수 있다고 판단했다. 다시 말해 저장 성 원저우溫州의 경제발전 모델이 이 지역에서라면 가능하다고 생각했다.

또한 페이샤오퉁은 상업을 통한 공업 발전以商帶工 모델로 원저우 모델을 언급했다.[37] 칭짱 고원, 쓰촨 분지, 황투 고원, 네이멍구, 허시후이랑 지역의 장점을 모아 산업을 일으키고 이동이 많은 회족과 신장-중앙아시아 일대의 위구르족을 연계해 큰 비용 없이 소련·남아시아 등의 해외시장과 내수시장을 연계할 수 있을 것으로 내다본 것이다.

'두 개의 시장을 동시에 개발한다'

페이샤오퉁은 1988년 7월 중앙정부에 '황허 강 상류 다민족경제개발구 건설에 관한 건의'를 제출했다.[38] 그는 이 '건의'에서 간쑤 성 린샤와 칭하이 성 하이둥을 엮어서 경제개발구를 만들고 서부의 내수시장과 서부 실크로드 지역을 엮는 국제시장을 개척하자고 제안했다. 이를 위한 방안으로 열두 개의 대형 수력발전소를 건설해 전기를 공급하고, 동부 연해의 발전된 기술을 제공해 역내 가공업을 발전시키며, 서부(신장웨이우얼)로 내수시장을 확장해 낙농업 기반의 서비스업을 발전시키는 등의 개발 전략을 제안했다.[39] 즉 지형과 민족의 다양성을 비교우위로 삼아 이 지역을 서부의 엔진으로 삼겠다는 전략이다. 동부 연해 지역은 자금과 기술로 서부를 지원하고 서부 지역은 원자재나 자원으로 동부 연해를 지원해 가치사슬을 형성함으로써 상호 이익이 되는 선순환을 만들어 같이 발전한다는 것이었다.[40]

그는 일본과 아시아의 네 마리 용(한국, 타이완, 싱가포르, 홍콩)보다 중국 상품의 경쟁력이 떨어지니 서부 지역을 개척해 내수시장을 개척해야 한다고 생각했다.[41] 고대 실크로드 지역도 생필품은 필요한데 상품 기술은 떨어지지만 가격이 싼 중국 상품의 경쟁력이 더 있다고 판단한 것이다. 동부 연해에 선진국의 자본과 기술을 유치해 중국의 산업 전반을 선진화하고, 서부 지역과 이슬람 경제권을 내수시장으로 형성해 중국 상품 판매 루트를 개척함으로써 경쟁력을 확보하자는 전략이었다.

페이샤오퉁은 중국 국내의 서부 지역만 고려한 것이 아니었다. 그는 고대 실크로드경제권-(서부-동부)-선진국 경제권을 연계해 '두 개의 시장을 동시에 개발해야 한다'고 주장했다.[42] 이는 동부 연해와 서부 지역의 연동 개발, 대외무역과 내수시장 연계 발전, 해양과 육로의 해외시장 연계 개발 등으로 확대 해석이 가능하다.

구상은 우랄 산맥을 넘어 유럽까지

페이샤오퉁은 린샤를 동방의 이슬람 메카라고 소개했다. 린샤에 정부의 지원이 뒷받침된다면 다양한 지역과 민족의 비교우위를 바탕으로 이슬람권 시장과 연계할 수 있으며, 따라서 고대 실크로드의 부활이 가능하다고 역설했다.[43] 일대일로에도 이런 부분이 반영됐다. 중국은 일대일로를 통해 아랍권과의 협력을 강조했다. 즉 일대일로 액션플랜 중에 중국-아라비아 국가협력 포럼, 중국-걸프 협력회의와의 협력 내용이 명시되어 있다.[44]

일대일로에서 중국 이슬람의 메카로 명시한 곳은 닝샤후이족자치구다. 닝샤 정부는 2015년 '일대일로 정책 연결과 닝샤 개방 촉진에 관한 의견'을 제시해 이슬람 세계와의 항로 개척, 닝샤 내 이슬람 문화 교류 플랫폼 건설, 닝샤 내 기업의 이슬람권 진출[45] 등의 내용을 발표했다.[46] 닝샤의 이슬람권 연계 발전 전략은 간쑤 성, 네이멍구, 신장웨이우얼 지역과 연계될 것으로 보인다. 닝샤는 이슬람 지역으로의 항공 노선 증설, 화물열차를 비롯한 육로 인프라 확대, 동부 연해와의 연계를 통한 해로 연결 등의 인프라와 통관 일체화 전략 등을 기술하고 있어 인적 교류를 포함한 연계성 개념을 담고 있다.

닝샤의 일대일로 전략은 중국 서부와 이슬람 세계를 엮는 시장개방으

렌윈 강 중국횡단철도(TCR) 기점

로 항공 운송과 TCR를 활용한 육로 운송을 토대로 그 외연을 확장하고 있는데, 이는 일대일로의 한 축을 담당하게 될 것이다. 주목할 점은 현재 중동의 이슬람권 국가 외에 흑해와 카스피 해로 통하는 볼가 강 유역의 러시아 타타르공화국 역시 이슬람 문화권이라는 데 있다. TCR를 통한 창장 강-닝샤-타타르-볼가 강을 토대로 한 이슬람권 시장 협력도 가능한 부분이다. 중국은 일대일로를 통해 다양한 종교권을 끌어와 국내외를 연계하고 있다. 이런 일대일로 전략은 페이샤오퉁의 구상에서 확인할 수 있다.

페이샤오퉁은 1987년 덩샤오핑에게 관련 내용을 직접 건의했다. 덩샤오핑은 페이샤오퉁의 구상을 보고받고 다음 날 당시 국무원 총리인 자오쯔양趙紫陽에게 페이샤오퉁과 면담하라고 지시했다.[47] 페이샤오퉁은 당시 민주연맹중앙위원회 주석 자격으로 자오쯔양과 실크로드 부활 계획에 대해 대화를 나눴다. 페이샤오퉁은 이후 1988년 4월 야당 출신으로 제7차 중국인민대표대회 부위원장이 되어 본격적으로 동부와 서부 간 연계 정책을 개발했고, 7월 황허 강 지역 관련 '건의'를 정식으로 제안했다. 덩샤오핑은 9월에 처음으로 '양개대국론'을 언급했는데, 이 역시 페이샤오퉁의 영향을 받은 것이다.[48]

페이샤오퉁의 당시 구상과 함께 중소 관계정상화가 순조롭게 진행되었다. 1989년 5월 소련의 고르바초프가 중국을 방문하면서 덩샤오핑은 중소 관계 회복을 선언하며 국경 갈등을 협상으로 해결하기로 합의했다.[49] 이로써 중국은 미국과 소련 두 진영의 교량 역할을 담당할 공간을 확보했다. 이렇게 페이샤오퉁의 구상이 우랄 산맥을 넘어 유럽까지 연결될 수 있을 듯했다. 그러나 1989년 6월 천안문사태가 발생했고, 자오쯔

양이 총리직에서 물러나면서 페이샤오퉁의 정책은 잠시 중단됐다.[50]

중국 국내에 큰 태풍이 몰아쳤으나 페이샤오퉁의 구상은 중국이라는 공간에 더 깊은 뿌리를 내리고 있었다. 실제로 1990년 5월 중국 국가계획위원회는 중국-유럽 간 랜드브리지 컨테이너 운송 연구와 시범 운행을 위한 영도소조를 구성했다.[51]

남방 실크로드를 위한 '1점, 1선, 1면'

페이샤오퉁은 1991년 남방 실크로드 현장 답사를 진행하며 새로운 개발 계획을 마련했다. 그는 쓰촨 분지와 윈구이 고원이 교차하고 창장 강 중상류가 흐르는 다샤오량산大小涼山에 도착했다. 이 지역은 쓰촨 성과 윈난 성이 접하는 곳이다. 다샤오량산은 창장 강 이남에 위치해 룽시후이랑처럼 다양한 소수민족이 밀집해 있다. 페이샤오퉁은 이곳에 남아시아·동남아시아와 연결된 인프라가 있음을 확인하고 서남 지역의 남방 실크로드 개발을 위한 '1점, 1선, 1면'이라는 개발 구상을 제안했다.

1점이란 량산이족자치주涼山彝族自治州와 판즈화 시攀枝花市를 연계한 판시攀西 개발구를 의미한다. 판시 개발구는 6만 7500제곱킬로미터이고 인구수는 450만 명 규모로 칭짱 고원, 쓰촨 분지, 윈구이 고원을 연결하는 요충지다. 또한 창장 강의 지류인 진사 강金沙江과 그 지류인 야룽 강雅礱江이 겹치며 삼각주가 형성되는 곳으로 광물과 수자원이 풍부해 산업화에 적합하다.

1선이란 판시 개발구를 중심으로 북쪽으로는 창장 강 쓰촨 성 구간의 이빈 항宜賓港을 통해 창장 강의 내하운송이 가능하고 남쪽으로는 청쿤成昆(쓰촨 성 청두-윈난 성 쿤밍) 철로나 뎬몐滇緬(윈난 성-미얀마) 도로를 연결하는 라인을 말한다. 페이샤오퉁은 이 라인을 남방 실크로드라 불렀는데, 창장 강에서 쓰촨 성 청두-시창西昌-판시 개발구-윈난 성 리장麗江-다리大理-바오산保山-텅충騰衝-더훙德宏(윈난 성 루이리瑞麗)을 경유해 동남아시아-남아시아를 지나 인도양으로 연결되는 구간이다. 1면이란 쓰촨·윈난·구이저우貴州 성을 말한다.

페이샤오퉁은 판시 개발구를 심장으로, 인도양으로 연결되는 구간을 동맥으로 비유하며 이 지역 일대를 산업회랑으로 연결하자는 개발 전략을 수립했다.[52] 현재는 청위成渝(쓰촨-충칭) 개발구가 판시 개발구의 역할을 대신하고 있다. 청위 개발구는 창장 강 경제 벨트, 청위-주장 강 삼각주, 청위-광시좡족자치구, 청위-윈난 성으로 연결되는 일대일로의 핵심축으로 개발되고 있다. 중국은 또한 윈난 성-미얀마-인도-방글라데시-인도양, 윈난 성 혹은 광시좡족자치구-동남아시아(GMS 포함)의 두 개 라인을 남방 실크로드의 주요 경제회랑으로 지정해 국제적인 개발 협력을 진행하고 있다.

'상하이를 용의 머리, 장쑤 성과 저장 성을 양 날개, 창장 강 라인을 중추 삼아'

1991년 덩샤오핑은 새로 취임한 리펑李鵬 총리에게 페이샤오퉁과의 면담을 지시하고 적극적으로 동부-서부 간 연계 개발 전략을 추진했다.[53]

페이샤오퉁의 1991년 구상은 창장 강 경제 벨트를 축으로 동쪽으로는 동부 연해, 북서쪽으로는 서부 실크로드, 남서쪽으로는 남방 실크로드를 연결하는 계획이었다. 그는 '상하이를 용의 머리, 장쑤 성과 저장 성을 양 날개, 창장 강 라인을 중추로 삼아 서부 실크로드와 남방 실크로드를 연계하는 거시적 구상'을 제안했다.[54]

페이샤오퉁의 당시 제안을 정리해보면 지금의 창장 강 경제 벨트 지역을 축으로 서부의 북으로는 창장 강-쓰촨 분지/황투 고원-허시후이랑-신장웨이우얼자치구-유라시아 랜드브리지, 남으로는 창장 강-쓰촨 분지-윈구이 고원-미얀마-인도-방글라데시를 연결하는 계획을 수립하고 이를 창장 강 경제 벨트를 통해 동부 연해 지역과 연계했다.

페이샤오퉁의 최종 구상을 현재 중국 경제권과 비교해보면 거의 일치한다. 먼저 상하이와 장쑤·저장 성은 창장 강 삼각주 지역이고, 창장 강 지역은 창장 강 경제 벨트에 해당한다. 서부 실크로드 지역은 현재 TCR를 축으로 하는 실크로드 경제 벨트이며, 남방 실크로드는 청위 경제권-윈난 성-미얀마-인도-방글라데시로 이어지는 일대일로의 주요 경제회랑에 해당한다.

페이샤오퉁의 구상은 동아시아를 몸체, 환태평양과 유라시아 경제권을 두 날개로 하는 국제판 일체양익의 시발점이 됐다. 덩샤오핑은 '한 개의 중심과 두 개의 기본점'이라는 말로 시장경제(우파)와 사회주의(좌파) 노선을 두 개의 기본점으로 삼아 중국 특색의 사회주의 노선을 실현하자고 말했다.[55] 페이샤오퉁의 구상은 동부 연해를 중심으로 한 경제성장과 서부 지역을 중심으로 한 분배(지역 불균형 해소)의 내용을 담으며 덩샤오핑의 정신을 공간 개발 전략으로 응고시켰다. 또한 덩샤오핑의 3대 개방론에 맞추어 동부 연해-미국 중심 진영, 서부 실크로드-소련 중심 진영, 남방 실크로드-제3세계 연계를 주장했다. 중국은 개혁개방 초기에 에너지 자원을 자급자족하면서 덩샤오핑의 지도하에 시중쉰의 경제특구와 페이샤오퉁의 구상을 통한 공간 베이스의 개혁개방을 진행했다.

2단계 입계의완入界宜緩
_적진에 들어갈 때는 신중하라

중국은 1990년대부터 국내 개발과 해외 진출을 본격화했다. 덩샤오핑은 개혁개방 초기에 경제특구를 통한 경제성장의 성과를 확인하고 중국의 각 지역을 개방함과 동시에 중앙과 지방의 재정 분권화, 정부와 시장의 기능 분리 등을 통해 해외 자본 유치와 해외 진출에 의한 경제성장을 위한 제도적 플랫폼을 마련했다. 1993년부터 석유 소비량이 생산량을 초과하면서 중국은 에너지 부국으로 해외 진출을 시작했고, '앙골라 모델'의 초기 모델인 '3대 전략'을 제시하면서 해외 진출이라는 국가 전략을 형성했다. 중국이 공간 위로 포석을 두기 시작한 것이다.

해외 진출의 주인공은 지방정부와 국영기업

중국의 해외 진출에서 주인공은 지방정부와 국영기업이다. 덩샤오핑은 냉전 종식 이후 1992년부터 시장경제체제 수용을 결정하면서 '중국 특색의 사회주의 경제 이론'을 발표했다.[56] 중국은 1978년 개혁개방 채택 이후 '권력의 분권화와 이익 추구放權讓利' 모델을 제시하고 국영기업의 시장경제체제 도입을 진행했다.[57] 또한 1992년 시장경제체제를 수용하여 중앙정부에 과도하게 집중된 권한을 분산하고 시장경제체제에 맞는 이윤 추구 메커니즘을 형성했다.

중국의 체제 전환은 지방정부의 자주권 강화와 국영기업 개혁으로 이어져 다양한 행위체가 해외 진출을 주도할 수 있는 제도적 기반이 됐다. 중국은 지방정부와의 재정 분권화를 통해 지방정부의 투자 유치와 해외 진출의 재정적 동력을 제공했다. 그리고 투자 계획, 수출입, 세수, 외환, 외환 예산 관리, 외자 유치 등의 분야에서 중앙과 지방 간의 분권화 개혁을 진행했다.[58]

중국은 '정기분개政企分開(정부와 기업의 역할 분리)'를 통한 국영기업 개혁도 진행했다. 정부는 거시경제 조정과 정책 분야를 지원하고 기업은 투자자나 기업인의 이윤을 위해 효율적으로 경영한다는 뜻이다.[59] 중국의 정기분개 정책은 개혁개방 직후 국영기업의 사회주의 시장경제 편입을 위해 추진됐다가 1992년 중국의 시장경제 수용, 2001년 WTO 가입, 2008년 세계 금융위기를 거치며 개혁의 수준을 높였다. 중국은 1992년 이후 에너지, 해운, 항만, 건설, 철로, 교통, 수력발전 분야에 걸쳐 국가기관이거나 국영기업을 점차 공사公社 개념으로 전환해 시장경제체제 내 경영 효율성 제고를 지향했다. 중국의 국영기업은 일대일로 공간 네트워크 위의 주요 플레이어가 됐다.

각 분야의 대표적인 기업(2016년 기준)을 살펴보면, 에너지 분야에 SINOPEC(중국석유화공그룹)·CNPC(중국석유천연가스공사)·CNOOC(중국해양석유총공사) 등[60]이 있다. 중국 국내외 에너지 개발 사업에서 주도적인 역할을 담당한다. 중국의 해운 분야 해외 진출 시 큰 역할을 담당하는 국영기업인 COSCO(중국원양운송)와 차이나시핑(CHINA SHIPPING, 중국해운그룹, 2016년 2월 차이나코스코시핑그룹으로 합병)이 있다. 중국중철주식유한공사[61]·중국철건주식유한공사[62]·CSCEC(중국건축공정총공사)·중국교통건설그룹유한공사·중국수리수전건설그룹中國水利水電建設集團[63] 등은 내륙 인프라 건설과 부동산 분야 건설 사업에서 주도적 역할을 담당한다. 특히 중국의 각 지방에 1~8국까지 지사를 두고 있는 CSCEC는 국제·해외·대외·인프라·철로·전력 등을 포함한 40여 개 지사를 보유하고 있고, 중국의 핵심 인프라 건설을 담당한다.[64] 중국교통건설그룹유한공사는 중국항만건설그룹과 중국 도로 및 대교 공사가 합병한 것이다.[65]

국영기업은 초반에 국가기관으로 존재하다가 국가 자본 중심의 주식회사 시스템으로 개혁되면서 그 효율성이 높아졌다. 앞에 언급한 국영기업은 CSCEC처럼 지방에 지사를 두고 해외 진출 팀을 따로 마련해 운영 중이며, 관련 펀드는 국가 재정, 국책은행, 주식 상장 등을 통해 확보해왔다. 이렇게 중국의 국영기업은 1990년대 초반부터 국내 개발과 해외 진출 그리고 앙골라 모델, 차항출해借港出海, 일대일로에서도 첨병 역할을 담당해왔다.

중국은 국가기관, 중앙은행, 국책은행, 중앙 국영기업, 국영은행, 지방정부, 지방 국영기업, 지방은행, 민간 자본 기업 등이 경쟁과 협력 속에 해외시장에 진출할 수 있도록 활력을 불어넣고 있다. 전형적인 예가 중국 외교부, 상무부, 국가발전개혁위원회, 중국수출입은행, 건설은행 등이 국영기업의 해외 진출을 정책과 금융 분야로 지원한 경우다. 상하이를 예로 들면 상하이 지방정부, 상하이은행上海銀行, 상하이푸둥발전은행上海浦東發展銀行, 상하이 지방 국영기업 등이 종합적인 협력 아래 해외 진출을 진행 중이다. 중앙과 지방의 정부는 정책소통 플랫폼을, 국책은행과 각종 은행은 금융·융자 플랫폼을 중국 기업에 제공하며 해외 진출을 지원했다. 이런 시스템을 종합한 해외 진출 전략이 '앙골라 모델'이며, 여기에 AIIB, BRICs 은행, 실크로드 기금 등의 금융 지원과 국제 거버넌스를 추가한 것이 일대일로다.

중국은 1992년 시장경제를 수용하고 1994년에 본격적으로 중앙-지방 재정 분권과 정기분개를 진행했는데, 이는 1993년 중국의 석유 소비량이 석유 생산량을 초과한 시점과 일치한다. 중국은 세계의 신자유주의 물결 속에 저임금 노동력과 투자자 혜택 정책을 비교우위로 삼아 제한적인 개방을 일관적으로 추진하며 '세계의 공장'으로 성장했다. 에너지자원은 곧 중국 경제의 생명선이었다. 중국의 생산 소비량과 생산량의 격차가 벌어진 만큼 국영기업의 해외 진출 범위는 더욱 확장됐다.

경제성장의 엔진은 '3대 전략'

1990년대 중국의 '3대 전략'도 일대일로의 핵심 내용이다. 에너지자원 확보와 해외시장 개척을 위해 국가 차원의 해외 진출 전략을 추진한 것이다. 1992년 우이吳儀 당시 외경무부外經貿部 부장은 대외무역, 해외 투자, 대외경제를 결합해 무역의 대통로를 건설하자고 주장했다. 이를 계기로 외경무부는 상품 품질 개선, 경제무역 전략, 시장 다원화 전략을 3대 구호로 제시했고, 이는 리강칭李崗清 당시 국무원 부총리의 지지를 받아 1996년에 3대 전략이 됐다.[66] 중국은 이 3대 전략을 전면으로 내세워 경제성장의 엔진으로 삼았다.

3대 전략은 앙골라 모델의 전신이며, 또한 일대일로의 주요 기제가 됐다. 중국의 3대 전략은 일본의 국책은행, 기금, ODI, ODA를 종합해 민관 협력 방식으로 건설기업과 에너지자원 기업에게 혜택을 주던 시스템과 유사했다. 그러나 1990년대의 중국은 ADB와 같은 다자개발은행이나 국가 재정 기반 기금을 마련할 여력이 부족했다.

중국은 국가자본주의체제를 기반으로 기간산업을 중앙과 지방 층위로 나누어 국영기업의 사업을 주도했다. 중앙정부가 국가 운영 방향을 결정해 거시경제, 외교 정책 등을 종합하고 정부 주도의 금융·융자 시스템을 통해 국영기업이 활동할 수 있는 해외 진출 플랫폼을 제공한다. 그러면 그 플랫폼 위로 국영기업을 중심으로 한 경제체가 국내 개발과 해외 시장 다원화를 위한 플레이를 경쟁적으로 진행했다.

중국의 초기 해외 진출은 에너지자원 확보와 관련이 있었다. 중국은 장기간 안정적으로 에너지자원을 공급해줄 공간을 찾아 해외로 눈을 돌렸다. 1993년부터 중국의 석유 소비량이 석유 생산량을 넘어서면서 해외 에너지자원 공급원 개척 문제가 시급해졌다. 중국의 에너지 관련 국영기업은 자원개발권 획득을 위한 초보 단계의 해외 진출을 시작했다. 그해 3

월 CNPC는 태국 방야이 지역의 석유개발권을 획득했는데, 이는 중국의 첫 해외 유전 개발권 획득이자 해외 진출 전략의 신호탄이었다.[67] 7월에 CNPC는 캐나다 앨버타의 노스 트위닝North Twining 유전 일부의 석유 및 천연가스 개발권을 획득해 중국 사상 첫 1배럴의 석유를 해외에서 생산했다.[68]

중국은 태국과 캐나다 유전 개발을 시작으로 에너지 분야 해외 진출을 본격화했다. 그러나 1993~1996년의 해외 진출은 오래된 유전의 복구, 상품 분류, 서비스 등 석유 개발 분야 협력에 국한됐다. 하지만 이를 계기로 점차 해외시장 진출의 경험과 전략을 축적했다. 1997년부터는 수단, 카자흐스탄, 베네수엘라 등과 석유 개발에 합의했고, 이어 캐나다, 태국, 미얀마, 투르크메니스탄, 아제르바이잔, 오만, 이라크 등과 석유 개발, 합자, 임대를 포함한 석유·천연가스 개발, 지면 건설, 파이프 건설, 원유가공, 원유화학공업, 가공유 판매 등의 영역에 본격적으로 참여했다.[69] 중국은 이렇듯 에너지자원 공급원의 다원화에 집중했지만, 여전히 중동과 북아프리카의 에너지자원 의존도를 벗어나지는 못했다.

그러나 중국은 해외 진출의 범위를 점차 아프리카, 중동, 중앙아시아 지역으로 확장했다. 1990년대 중국의 해외 진출은 미국·유럽·일본의 견제 대상이 아니었다. 중국은 당시 새로운 에너지자원의 공급원을 개척한다기보다 해외 진출 자체에 의미를 두며 점 조직 형태로 해외에 진출했다. 하지만 1990년대에 축적한 경험과 당시 개발에 참여했던 지점은 이후 일대일로 전략에 중요한 포석이 됐다.

중국은 3대 전략에 맞추어 인프라, 상품시장의 다원화를 추진하면서 국가적 경제무역 전략을 전개했다. 또한 해외 진출 공간과 국내 공간 간의 연계를 위한 기반을 마련했다. 이를 통해 내수시장과 다원화된 해외시장을 종합하며 중국 기업의 비교우위를 활용하는 전략을 구상했다. 중국은 세계의 공장으로서 저렴한 물품을 국제사회에 제공했고, 내수시장을 담보로 해외의 우수 기업을 국내 기업과의 합자를 조건으로 중국에 유치했다. 이를 통해 중국 기업이 상품 생산 기술과 경영 노하우를 학습하여 경쟁력을 높이도록 유도하려는 계획이었다.

상하이를 '용의 머리'로

페이샤오퉁의 구상을 일대일로로 연결시킨 공간은 상하이라고 할 수 있다. 장쩌민은 제14차 전국대표대회 보고에서 상하이 푸둥 지구를 용의 머리로 삼아 창장 강 삼각주와 창장 강 연안 지역의 경제발전을 이끌겠다는 내용을 발표했다. 또한 푸둥 지구에 '세 개의 중심(센터)'을 건설하겠다고 발표했는데, 국제경제센터, 국제금융센터, 국제무역센터를 의미한다. 장쩌민은 이와 함께 광둥 성, 푸젠 성, 하이난다오, 환발해 경제권의 개혁개방을 촉진해 현대화를 실현할 것이라고 밝혔다.[70]

장쩌민의 구상은 페이샤오퉁의 구상과 일치했다. 상하이를 센터로, 동부 연해를 활로, 창장 강 지역 일대를 화살로 삼는 중국 전체의 개발 계획으로, 이는 곧 태평양 진출을 의미했다. 1994년 10월 후진타오 당시 중앙위원회 정치국 상임위원은 상하이를 방문해 상하이가 금융, 유통, 체제 개혁의 새로운 진전을 실현하기를 희망한다고 말하며 페이샤오퉁, 덩샤

오핑, 장쩌민의 개발 계획을 지지했다.[71]

장쩌민의 상하이 푸둥 지구 '세 개의 중심' 건설은 2000년 국제항운(해운+창장 강 내하운송)센터 건설이 추가되면서 '네 개의 중심'으로 확장됐고, 이는 2013년 8월 설립이 비준된 상하이자유무역시험구의 설립 목표로 이어졌다. 중국은 구체적인 정책으로 1990년 6월 상하이의 와이가오차오外高橋에 첫 국가급 보세구를 설립, 1992년 10월 상하이 푸둥 신구浦東新區를 중국 내 첫 국가급 신구로 지정했다.[72] 국가급 보세구와 국가급 신구는 지방정부 차원이 아닌 중국 국무원 차원의 경제개발계획하에 정책적 지원을 받는다.

중국은 푸둥 신구 설립 이후 상하이 와이가오차오 항만, 와이가오차오 보세물류단지, 국가급 보세구, 루자쭈이陸家嘴 금융센터, 푸둥 국제공항, 양산 항洋山港, 양산 항 보세항만 지역, 진차오金橋 수출가공지역, 장장張江 첨단기술단지 등을 신설하여 상하이를 '용의 머리'로 건설해왔다.[73] 상하이 푸둥의 모든 기능구를 종합한 것은 현재의 상하이자유무역시험구다. 1990년대 초반부터 상하이가 일대일로의 허브로서 계획됐다는 것을 이해할 수 있다.

인프라 구축과 지역 거버넌스를 활용하라

1990년부터 중국은 페이샤오퉁의 구상대로 서부·남방 실크로드의 인프라 건설을 시작했다. 중소 교류의 주요 통로였던 신장웨이우얼자치구, 동북 3성, 네이멍구 등을 통과하는 인프라 건설을 시작으로, 하얼빈-쑤이펀허綏芬河-극동러시아 철로, 롄윈강-광시좡족자치구 핑샹憑祥-베트남 철로 건설도 진행했다.

해륙 복합 운송을 통해 태평양과 대서양을 연결하는 인프라인 TCR(중국횡단철도)는 1990년부터 건설되기 시작했다. 신장웨이우얼자치구 우루무치에서 카자흐스탄 방향의 국경도시 아라산커우까지 연결 구간 건설을 시작으로, 아라산커우와 도스티크Dostyk 당시 소련 측 접경도시와의 철로를 연결하면서 본격화됐다. TCR는 1991년 4월 초국경 컨테이너 화물 운송 취급 항만으로 롄윈강·톈진·다롄·상하이·광저우 등을 1차로 지정했고, 국경 지역 철로 통상구로 아라산커우(TCR)·선전(홍콩)·만저우리滿洲里(TMR)·얼롄하오터(TMGR)를 지정했다.[74]

중국은 1990년대 초부터 미국·유럽·일본의 실크로드 전략과 연계하기 위한 인프라 건설 및 통관 협정을 시작했다. 특히 1996년 4월 상하이에서 러시아, 카자흐스탄, 키르기스스탄, 타지키스탄의 정상과 함께 러시아-중앙아시아 지역 협력 거버넌스인 상하이-5를 출범했다. 소련의 해체로 기존의 중소 국경 지역에 카자흐스탄, 키르기스스탄, 타지키스탄 등이 독립하면서 중국의 새로운 이웃 국가로 등장한 것이 계기였다. 또한 2001년 6월 우즈베키스탄이 상하이-5에 참여하면서 SCO(상하이협력기구)가 출범했다.[75] 중국은 페이샤오퉁의 구상에 따라 인프라를 구축하고 거버넌스에 참여하면서 실크로드 개발의 꿈을 키워 나갔다.

중국은 국제사회의 '고대 실크로드' 개발 전략에서 소외되지 않기 위해 지역 거버넌스를 활용했다. 위기십결에서 말하는 입계의완入界宜緩(적진에 들어갈 때 신중하라) 전략과 비슷했다. 1998년 9월 32개국 정상과 유엔,

중국 몽골 국경 얼렌하오터(TMGR 라인)

IBRD, EBRD 등 국제조직 대표단이 아제르바이잔의 수도 바쿠에 모여 '고대 실크로드 부흥'을 주제로 회의를 진행했다. 이 회의에서 TRACECA(유럽-캅카스(코카서스)-아시아운송회랑프로젝트)건설을 위해 도로, 철로, 해운, 통관 분야에서 협력하기로 하는 내용의 바쿠 선언이 채택됐다. 이듬해 8월 장쩌민은 키르기스스탄의 수도인 비슈케크에서 상하이-5 국가 정상과 함께 고대 실크로드의 부흥을 실현하자고 강조했다. 2000년 7월에는 허베이 성河北省 친황다오秦皇島에서 신新유라시아 랜드브리지와 서부대개발을 연계하는 친황다오 선언을 발표하기도 했다. 친황다오 선언 뒤인 같은 해 11월 중국 국무원은 '신유라시아 랜드브리지 국제 협조 기제'를 설립했다.[76]

중국은 서부 실크로드와 TCR 건설을 종합하여 서부대개발을 계획했고, 상하이-5를 지역 거버넌스로 삼아 유럽발 TRACECA와의 연계를 계산했다. 신유라시아 랜드브리지는 일대일로 액션플랜에서 첫 번째 경제회랑으로 제시되기도 했다. 1993~2001년 이후 중국은 동아시아 내 일본의 지위를 위협할 정도로 국력을 신장했고, 이제 일대일로 전략의 초기 네트워크를 형성하기 시작했다.

3단계 동수상응動須相應
_지점 하나를 개발해도 전체 네트워크와 상응하게 하라

중국이 2000년대 들어 더 적극적으로 해외로 진출한 이유는 '지속 가능한 경제성장'을 위해 에너지자원을 확보해야 했기 때문이다. 중국은 WTO 가입 이후 가파른 경제성장률과 함께 에너지 소비량도 폭발적으로 증가했다. 여기에 2001년 9·11테러 이후 미국의 중동 지역 군사 개입, 일본의 대중국 견제 강화, 러시아의 에너지 국력화 등으로 에너지 안보 위기의식을 느끼게 됐고, 에너지자원을 안정적으로 확보하는 것이 급선무가 됐다. 중국은 이 시기부터 더 적극적으로 에너지자원 확보를 위한 해외 진출, 안전한 에너지자원 물류 라인 확보, 중국 국내의 에너지 효율성 제고 등의 정책을 펴기 시작했다.

러시아와 일본의 견제를 계기로

중국의 해외 진출에 기름을 부은 것은 러시아와 일본이었다. 당시 러·중 양국의 에너지협력 협의는 오랫동안 진행되고 있었다. 소련 해체 이후 러시아는 미국·유럽의 투자를 원했으나 미국·유럽은 오히려 TRACECA를 통해 러시아를 제외한 실크로드 개발에 집중했다. 러시아는 이에 따라 동유럽, 캅카스, 중앙아시아와의 관계 개선으로 정책을 선회하는 한편,[77] 시베리아 석유와 천연가스의 새로운 국제 시장 개척에 나섰다.

1994년 1월 러시아는 바이칼 호 주변의 이르쿠츠크 주 앙가르스크 유전에서 치타(러시아)와 만저우리(중국)를 거쳐 헤이룽장 성 다칭大慶으로 송유관을 연결하려는 계획을 세웠다. 1996년 '중국-러시아 에너지 영역 공동 협력에 관한 협의'를 체결했고, 중국은 이후 지속적으로 러시아로부터 송유관을 연결하기 위해 공을 들였다. 2001년 9월 주룽지朱鎔基 당시 중국 총리는 앙가르스크-다칭 석유 파이프라인 연결을 재확인하며 양측 협력을 보장했다. 이 계획대로라면 2030년에 러시아가 이 라인을 통해 중국에 7억 톤의 석유(당시 기준 1500억 USD 가치)를 제공할 예정이었다. 이는 당시 러시아가 중국에 매년 수출하는 석유량의 20배에 달하는 것이었다.[78] 중국은 이 라인을 통해 에너지자원 공급원과 물류 라인 다원화를 실현하는 듯했다.

일본이 중국과 러시아의 에너지 협력에 개입하기 시작한 것은 2003년 1월 러시아-일본 에너지 협력 계획을 체결하면서부터였다. 고이즈미 준이치로小泉純一郎 당시 일본 총리는 러시아에 앙가르스크-나홋카 라인 건설에 필요한 50억 달러 자금 전액을 일본이 융자하겠다고 제안했다. 또한 이 라인이 완공되면 일본이 매년 5000만 톤의 석유를 수입하겠다고 말했다. 일본의 제안은 중국의 수입 예정액을 초과한 것이다. 당시 동행한 일본의 외교관은 하바롭스크에서 중국은 향후 경제와 군사 분야에서 잠재적 위협 세력이 될 것이라며, 러·일 간의 극동 지역 협력으로 중국에 견제의 신호를 보내야 한다고 주장하기도 했다.[79] 이는 중국의 시베리아 경제력 확장을 걱정했던 러시아에게 설득력 있는 발언이었다.

러시아는 중국과 일본 사이에서 갈등하는 모습을 보였다. 중국과 일본의 의견을 수렴해 앙가르스크-나홋카를 연결하되 지선支線을 내서 다칭으로 연결하는 두 개의 송유관을 건설한다는 계획이었다. 그러나 가와구치 요리코川口順子 당시 일본 외교상이 러시아 측에 극동러시아 내 석유 및 기타 산업 투자를 제안하면서 러시아의 결정은 흔들렸고 2004년 6월 앙가르스크-다칭 라인과 앙가르스크-나홋카 라인 모두 포기한다고 선언했다. 그리고 타이셰트에서 바이칼 호 북부를 경유해 나홋카로 연결되는 파이프라인 건설 계획(4300키로미터)을 발표함으로써 사실상 일본의 제안을 받아들이게 된다.[80]

중국은 이를 계기로 심각한 에너지 안보 위기를 경험하였다. 러시아는 일본의 원조와 함께 타이셰트-나홋카 코즈미노 석유 터미널을 건설함으로써 항구를 통한 석유 수출을 모색했던 것이다. 2005년 5월, 러시아는 입장을 재차 번복했다. 러시아는 일본의 반발에도 불구하고 타이셰트-스코보로디노 라인(1단계 건설라인, 2700킬로미터)에서 스코보로디노-나홋카 라인(2단계 건설라인)도 연결하겠지만 스코보로디노-모하(중국)-다칭 지선을 먼저 연결하겠다고 일본 측에 통보함으로써 러시아의 극동 파이프라인은 타이셰트-스코보로디노-다칭(중국)/나홋카(동해안)의 라인을 운영하

상공에서 찍은 바이칼 호. 타이셰트의 송유관과
천연가스관이 바이칼 호 북부를 지난다.

게 되었다.[81] 비록 중국은 타이셰트-다칭 라인을 연결할 수 있게 되었지만 일본의 중러 경협 개입을 경험하면서 다원화된 에너지 공급라인 개발에 더 적극적으로 나서게 되었다.

'공급원을 개발하고 물류의 효율성을 높인다'

중국은 2003년 일본과 러시아의 견제를 경험하면서 에너지 안보를 위한 개원절류開源節流(공급원을 개발하고 물류의 효율성을 높인다는 뜻) 전략을 추진했다. 2003년 10월 중국공산당 제16차 중앙위원회 제3차 전체회의에서는 지속 가능한 경제발전을 위한 '과학발전관'을 전면에 내세웠다. 안정적 에너지자원의 공급원·공급 라인 확보, 중국 내 에너지자원 소비 구조 개선과 에너지 사용 효율성 제고 등의 내용이 핵심이다. 2004년 중국 국가발전 및 개혁위원회 에너지국能源局을 설립했고, 이듬해에는 중국 국가에너지영도소조를 설립해 에너지자원 국가 전략을 종합했다.[82]

중국 국가에너지영도소조는 원자바오溫家寶 당시 총리를 비롯해 국무원 부총리, 발전개혁위원회 주임, 외교부 부장(장관), 과학기술부 부장, 국방과학기술공업위원회 주임, 재정부 부장, 국토자원부 부장, 농업부 부장, 상무부 부장, 국유자산감독관리위원회 주임, 환경보호총국 국장, 안전감독관리총국 국장, 국가전력감독관리위원회 주석, 총참모부 부총참모장으로 구성됐다.[83] 영도소조의 구성은 일대일로 전략과 무관하지 않다. 특히 2005년 5월 러시아가 스코보로디노-다칭 지선을 먼저 건설하겠다고 일본에 알린 것과 비슷한 시기에 중국 국가에너지영도소조가 설립됐음은 시사하는 바가 크다.

중국은 에너지 공급원과 물류 라인의 다원화를 확보하기 위해 국가종합전략을 세우고 행정, 외교, 국방, 경제, 무역, 물류, 재정, 과학기술, 전력, 농업, 국토 자원, 국유 자산 등 전 분야에 걸쳐 국영기업이 해외에 진출할 수 있도록 정책소통 플랫폼과 금융·융자 플랫폼을 마련했다. 이를 기반으로 에너지·물류·해운·항만·인프라·부동산 건설 분야의 국영기업이 적극적으로 해외 진출에 나섰다. 중국은 '개원開源'을 위해 국영기업과 함께 아프리카·이란·중앙아시아로의 진출을 본격화하고, '절류節流'를 위해 자원의 효율적인 개발·운송과 물류 루트의 다원화를 실현하고자 인프라 건설 분야 해외 진출 및 국내 개발과의 연계를 본격화한 것이다.

앙골라 모델

중국 행정부와 국영기업의 협력 구조는 일본의 PPP(정부-기업 민관 협력 프로젝트) 플랫폼 구조와 유사했다. 중국은 국가자본주의의 장점을 발휘해 중앙정부 차원에서 지방정부와 국영기업의 해외 진출을 일사분란하게 지휘했다. 중국 기업은 중앙정부의 이런 플랫폼을 통해 자원 부국이나 통과국에 투자하며 리스크가 큰 사업에도 진출하기 시작했다. 이런 시스템이 중국의 일대일로 운영 시스템의 모태가 됐다. 또한 중국은 일본이 러시아에 제안했던 것처럼 아프리카 국가에 ODI와 ODA를 제공하며 에너지자원을 확보하고, 국영기업을 통해 현지 인프라 사업을 수주하는 구조로 새로운 에너지자원 공급원, 인프라 건설시장, 해외 상품시장을 개척했는데, 이 모델이 바로 '앙골라 모델'이다.

앙골라 모델은 중국이 개발도상국에 ODI, ODA를 제공하고 인프라를 건설하면서 에너지자원으로 그 채무를 상환받는 국제 개발 모델을 말한다. 대표적인 예가 앙골라이기 때문에 앙골라 모델이라 불린다. 앙골라 모델로 중국이 얻는 것은 에너지자원·천연자원·건설시장·상품시장 등이고, 상대국이 얻는 것은 개발 자금·인프라·자원의 해외시장 등이다.

앙골라 모델은 아프리카 국가에 매력적으로 다가왔다. 중국은 베이징 컨센서스 방식으로 내정불간섭을 고수했으며, 또한 2000년 10월 중국-아프리카 협력 포럼에서 처음으로 2년 내 32개 아프리카 국가에 100억 위안의 채무를 감면하겠다고 선언했다. 그리고 2006년 11월, 2007년 5월, 2010년 9월에도 채무 감면과 면제, 무상원조 등을 제공하며 국제 경제 협력을 강화했다. 중국은 2009년에 이미 아프리카 대륙의 가장 큰 무역 대상국이 됐다.[84] 중국이 아프리카에 건설한 인프라는 항만, 철로, 도로, 공항, 송유관, 발전소, 부동산, 학교, 병원, 농업, 광산 개발 등을 망라한다.

하지만 앙골라 모델이 긍정적인 평가만 받은 것은 아니다. OECD는 앙골라 모델을 신식민주의라고 비판했다.[85] 개발도상국에 자금을 제공해 인프라 수주를 받으며 산업을 독식한다는 것이다. 알파 콩데Alpha Condé 기니 대통령은 2011년 9월 16일 〈파이낸셜 타임스〉와의 인터뷰에서 중국과 아프리카의 관계는 신식민주의가 아니라 윈윈 구조라면서도, 앙골라 모델에 대해서는 환경을 보호하지 않고, 현지 민중의 이익을 고려하지 않으며, 상대국의 지속 가능한 발전을 논하지도 않고, 중국의 노동력을

사용하여 상대국의 취업 기회를 창출하지 않는다고 비판했다.[86]

이 밖에도 앙골라 모델은 다른 문제점을 갖고 있었다. 먼저, 중국은 내정불간섭 원칙을 가지고 독재정권에도 기금을 제공하니, 그것이 부실한 인프라 건설로 이어지기 쉬웠다. 다음으로, 중국 입장에서 앙골라 모델은 중국 주도의 다자개발은행 부재, 국제개발기금 지원 부족, 차관 제공과 상환 과정에서 달러와 위안화 간 환율 차이 발생으로 인한 손실 발생 등의 한계를 보였다. 중국은 앙골라 모델이 시장경제에 맞는 시스템으로 진행되고 있다고 답하면서 문제의 극복 방안으로 양자 간 정책 협력, 지역경제협력체와의 시스템을 갖춘 정책소통 플랫폼 마련을 들었다. 또한 AIIB의 활용과 지역경제협력체와의 소통을 통해 앙골라 모델을 보완하여 일대일로로 발전시켜 나갔다.

다원화된 물류 루트, 드라이 포트와 버추얼 에어포트

2003년부터 중국은 다원화된 물류 루트를 개발하기 시작했다. 2008년 기준으로 중국은 원유 수입량의 60퍼센트 이상을 불안정성이 큰 중동과 북아프리카 지역에 의존했다. 원유는 주로 해운을 통해 들여왔는데,[87] 중국 원유 운송의 5분의 4는 싱가포르 앞의 믈라카 해협과 남중국해를 거쳐야 했다.[88] 미국이 믈라카 해협을 통제하거나 수속의 속도를 늦춘다면 중국 경제에 치명타가 될 수 있었다. 중국은 일본의 대중국 견제 본격화, 러시아의 동시베리아 송유관 건설에 대한 태도 변화 같은 일련의 사건을 겪으면서 믈라카 해협, 남중국해, 러시아에 대한 의존도를 낮출 물류 라인을 개척할 필요성을 인식해 아프리카, 중동, 중앙아시아 등지의 에너지 자원을 효율적으로 수입할 수 있는 물류 라인 개발에 직접 나섰다. 그리하여 2002년부터 드라이 포트, 버추얼 에어포트, 호시무역互市貿易, 차항출해借港出海, 차항입륙借港入陸 전략 등을 활용하기 시작했다.

일대일로에서 드라이 포트의 역할은 지대하다. 드라이 포트란 '해양이나 강'이 없는 항만을 뜻한다. 예를 들어 허베이 성 스자좡石家莊은 내륙에 있지만 톈진 항과 연계해 드라이 포트를 운영한다. 드라이 포트는 선박에서 화물을 직접 하역하는 기능을 제외한 모든 항만의 기능을 갖추고 있다. 즉 드라이 포트 내에 세관, 검험검역 기관, 은행, 보험, 선박 대리, 화물 대리 등이 있어 선하증권과 신용장 발행, 통관과 검험검역 신고·절차, 선박 예약, 컨테이너 관리·보관·운송 등을 할 수 있다.[89] 이는 마치 서울역에서 비행기 탑승 수속 절차 다 마치고 인천공항으로 바로 이동해 출국하는 원리와 같다.

이와 비슷한 기능구로써, 버추얼 에어포트는 2002년 장쑤 성 쑤저우蘇州와 상하이국제공항을 연계하면서 본격적으로 시작됐다.[90] 버추얼 에어포트는 공항이 없는 지역에서 공항에서 하는 모든 수속을 진행할 수 있다. 중국은 이렇게 제조·물류·공업·가공·IT 기술 단지와 각종 보세구지역 그리고 주변의 항만 혹은 공항과의 인프라 연결, 통관과 절차의 간소화를 실현함으로써 물류의 병목현상을 해결하고 광범위한 지역의 개발 효과를 실현했다.

드라이 포트나 버추얼 에어포트는 항만·공항의 인프라 서비스가 내륙까지 연계됨을 의미한다. 중국은 드라이 포트나 버추얼 에어포트 제도를 통해 내륙 지역의 공업단지, 제조업 기지, 보세구와 함께 내륙·내하 운송과 항만·공항의 연계를 통한 수출입 물류 구조를 개선할 수 있었다. 이런 제도는 중국과 타국의 연계에도 적용 가능하다. 대표적인 예로 카자흐스탄-롄윈강 TCR(중국횡단철도) 라인을 들 수 있다. 내륙 국가인 카자흐스탄의 화물은 TCR를 통해 중국의 롄윈강 항만의 보관 창고로 운송되어 태평양 해운을 이용할 수 있다.[91]

호시무역 시장은 국경 지대에서 열리는 국제 면세점이다. 예를 들어 중국 헤이룽장 성의 헤이허黑河와 러시아 아무르 주의 블라고베셴스크는 서로 마주한 국경도시로, 중·러 양국의 상품을 판매하는 시장이 각 도시의 지정된 장소에 마련되는데, 일정 금액 이하로는 면세가 적용된다. 호시무역제도를 드라이 포트나 버추얼 에어포트의 개념에 대입해보면 일대일로의 큰 그림이 더 명확해진다. 중국의 아라산커우는 2014년 6월부터 카자흐스탄의 도스티크와 연계해 종합 보세구를 운영하고 있다.[92] 국경도시 간에 공동으로 종합 보세구를 건설하여 운영하는 것인데, 이는 호시무역의 기능과 범위를 확장한 개념이라고 할 수 있다.

또한 중국의 창장 강 중상류 지역과 러시아의 프리볼시스키 연방관구 간의 산업단지 협력을 강화해 볼가 강-카자흐스탄-창장 강 벨트의 연계를 추진하고 있다.[93] 중국은 TSR(시베리아횡단철도)를 통해 유럽으로, 러시아는 창장 강 경제 벨트를 통해 태평양으로 진출할 수 있다. 14개국과 국경을 마주한 중국은 드라이 포트, 버추얼 에어포트, 호시무역, 국제산업단지와 같은 다양한 물류통관제도와 인프라 연계 시스템을 개발해 공간 네트워크를 형성하기 시작했다.

해외 진출 전략, 차항출해와 차항입륙

중국의 해외 진출 전략은 차항출해借港出海와 차항입륙借港入陸로 요약할 수 있다. 차항출해란 타국의 항만을 빌려서 해양으로 진출하는 전략이다. 중국은 해양국가에 ODI나 ODA를 제공해 중국의 국영기업이 그 국가의 항만을 개발하고 운영권을 획득할 수 있도록 플랫폼을 마련했는데, 이로써 해양 진출을 실현하는 전략을 구사했다. 중국은 또한 상대국 항만과 중국 내 지역을 연결하는 내륙 인프라를 건설하여 물류의 효율성을 극대화하고 물류 라인의 다원화를 실현했다. 차항출해의 예로 동북 3성-러시아 항만(동해), 신장웨이우얼자치구-파키스탄 과다르 항(인도양), 윈난 성-미얀마 차우퓨 항(인도양) 등이 있다. 중국은 서부 지역과 직접 연결되는 인도양을 시작으로 항만개발권을 획득했으며, 점차 지중해와 발트 해 등으로 그 범위를 확대하고 있다.

중국은 차항입륙 전략도 함께 구사했다. 차항입륙은 타국의 항만을 빌려 대륙으로 진출하는 것을 의미한다. 예를 들어 중국은 그리스 피레우스 항(유럽), 예멘 아덴 항(중동), 케냐 라무 항(아프리카), 탄자니아 바가모요 항(아프리카) 등의 개발을 통해 운영권을 확보하고, 각 국가의 항만을 통해 그 배후지인 유럽, 중동, 아프리카 등으로 진입할 수 있다. 중국은 차항출해와 차항입륙을 통해 중국의 국내 지역과 인도양, 지중해, 발트 해, 동해 등과 연계하여 동남아시아, 남아시아, 중동, 아프리카, 유럽과 연결되는 물류 네트워크를 형성하기 시작했다.

고대 실크로드와 해상 실크로드를 개발하라

중국은 2000년대부터 고대 실크로드와 해상 실크로드 개발에 집중했다. 앙골라 모델로 아프리카 진출을 시작해 점차 중동, 중앙아시아, 러시아의 에너지 공급원 개척, 해륙 복합 물류 라인 개발을 위해 노력했는데, 이 지역은 환인도양 경제권 및 고대 실크로드와 겹치는 곳이다.

중국은 2001년부터 SCO를 통해 러시아·중앙아시아와 실크로드 개발을 위한 거버넌스를 확보했다. 2006년 1월 중국 상무부는 UNDP(유엔개발계획)와 '실크로드 구역 프로젝트'를 협의했다. 같은 해 2월에는 UNDP, UNWTO(유엔세계관광기구), 카자흐스탄, 키르기스스탄, 타지키스탄, 우즈베키스탄 등과 함께 'SRRP(실크로드 구역 경제 부흥 프로젝트)'에 합의해 무역·투자·관광 세 분야에 걸쳐 교류를 진행하기로 하고, 정기적으로 실크로드 투자 포럼을 개최하며, 유엔 실크로드 도시 인증 등 다양한 분야에서 협력하기로 결정했다.[94] 2007년 ASEM 포럼에서 중국·카자흐스탄·아프가니스탄·아제르바이잔·키르기스스탄·몽골·타지키스탄·우즈베키스탄은 2008년에 193억 USD를 투자해 중국과 유럽 간의 현대 실크로드 건설을 실시하며, 그중 3분의 1은 중국 국내에 투자해 2018년에 완공할 것이라고 발표했다.[95]

2002년 11월 후진타오는 중국 국가주석 취임식에서 중국의 해양 발전에 대한 청사진을 제시했다. 중국은 해양을 단순히 차항출해의 수단으로만 보지 않고 지속 가능한 경제발전을 위한 공간으로 이해했다. 2003년 중국 국무원은 국가해양국을 중심으로 해양경제 주체의 협력을 이끌어낸다는 해양경제의 거버넌스를 발표했다. 한편 중국은 2005년 7월 11일을 중국의 첫 항해일航海日로 지정하면서 정화의 대항해 600주년 기념일로 정했다. 중국 중앙정부는 베이징의 인민대회당에서 해상 실크로드 기념 활동을 개최하며 정화 대항해로 서양과 교류하던 역사를 강조했다.[96] 이렇듯 일대일로의 맹아는 2000년대부터 이미 싹트고 있었다.

'진주목걸이 전략' VS '해상 실크로드'

중국의 해외 진출 전략은 미국·유럽·일본·인도에 직접적인 영향을 미쳤다. 각 국가의 에너지 안보 전략과 직접 연관되기 때문이다. 미국과 유럽의 여론은 중국의 인도양 진출을 '진주목걸이 전략(String of Peals Strategy)'의 관점으로 보았다.[97] 진주목걸이 전략에서 진주는 인도양에 위치한 항만을 의미한다. 중국이 인도양의 항만을 엮어 목걸이 모양을 형성해 인도를 견제한다는 내용이다. 중국은 실제로 차항출해 전략의 일환으로 파키스탄 과다르 항, 미얀마 시트웨 항, 방글라데시 치타공 항, 스리랑카 함반토타 항, 케냐 라무 항 등 인도양 주변 항만 개발에 직접 투자하면서 인도양 진출을 위한 전략적 포석을 두었다.[98]

미국은 전 세계의 해양을 권역으로 나누어 해군력을 투사하고 있다. 디에고가르시아 항은 미군의 제5함대가 위치한 곳으로 인도양 권역을 관리한다. 중국의 차항출해 전략과 해양 진출은 미국의 해양력에 대한 도전으로 해석될 소지가 있었다. 게다가 인도양은 중국뿐 아니라 세계 각국의 주요 해상교통으로써 에너지 안보의 핵심 지역이기도 했다.

미국은 진주목걸이 전략 주장을 수용해 인도를 축으로 한 국제적 전략을 설계했는데, 그것이 바로 힐러리 클린턴의 2011 실크로드전략법안과 아시아 회귀 전략이었다. 미국은 인도를 축으로 서부(2011 실크로드 전략법안)로는 아프가니스탄·캅카스와의 연계, 동부(아시아 회귀 전략)로는 ASEAN과의 연계를 통해 중국을 견제하는 전략을 수립했다. 힐러리 클린턴 당시 미국 국무장관은 특히 인도의 동방정책을 지원해 남중국해 문제에 개입하도록 계획했다.[99] 종합적으로 볼 때 중국의 해외 진출을 두고 중국은 '실크로드 경제 벨트와 21세기 해상 실크로드 공동 건설'로, 미국은 '중국의 인도 견제를 위한 진주 목걸이 전략'으로 해석했다.

일대일로 예고편

중국은 해외 진출과 국내 개발을 종합하면서 국내외의 네트워크 연계 구상을 준비했다. 창장 강 경제 벨트, 서부 실크로드, 남방 실크로드를 종합하고 이를 뼈대로 삼아 중국 전체를 하나의 네트워크로 묶는 작업이다. 중국은 2000년부터 서부대개발을 시작했다.

서부대개발의 주요 프로젝트는 서전동수西電東輸(서부의 전기를 동부로 송전), 서기동수西氣東輸(서부의 석유와 천연가스를 동부로 운송), 남수북조南水北調(남방의 수자원을 북부로 운송), 북매남운北煤南運(북방의 석탄을 남방으로 운송), 칭짱 철로青藏鐵路(티베트 지역의 철로) 등이다.[100]

서부대개발의 주요 내용에서 보듯 중국은 서부의 풍부한 자원을 상하이와 광저우 등 자원 소비가 많은 지역으로 연결하는 작업을 진행했다.

석유나 천연가스 파이프라인은 신장웨이우얼자치구를 중심으로 카자흐스탄, 러시아, 파키스탄 등을 거쳐 중국 동부 연해로 연결된다.

서부대개발을 본격적으로 시작한 2001년부터 중국의 송유관 길이가 가시적으로도 증가하기 시작했다.[101] 중국은 또한 내륙운송 루트 개발로 에너지자원의 수급 다원화를 실현했다. 2001년부터는 도로와 철로를 증축하기 시작했고, 2008년부터는 세계 금융위기를 극복하기 위해 고속철도 건설에 투자했다. 그리하여 중국 전체 철도 가운데 고속철도의 비중이 크게 증가하기 시작했다.[102]

중국은 제11차 5개년 계획(2006~2010) 기간에 '서부대개발, 동북진흥, 중부굴기, 동부선도'라는 네 개의 경제블록[103]을 완성했다. 중국 국무원은 18개의 국가급 신구(2016년 8월 기준)를 지정하고 중국 전역의 각 지역 개발 프로젝트 정책을 지원했다.[104] 또한 상하이 푸둥 신구(1992)의 성공 모델을 적용해 톈진 빈하이濱海 신구(2006), 충칭 량장兩江 신구(2010)를 포함한 18개 국가급 신구를 구축하여 4대 경제블록의 허브 지역으로 활용했다. 여기에 국가급 신구, 종합 보세구, 항만, 공항, 금융, 무역 기능을 종합한 상하이 자유무역시험구(2013년 9월)가 건설됐다. 중국은 경제특구, 경제신특구, 국가급 신구, 위안화혁신업무시범구, 자유무역시험구 등을 망라해 중국 전역의 개혁개방을 추동하고 중국 전체를 범위로 하는 네 개의 경제블록을 지역 차원에서 뒷받침했다.[105] 중국은 이렇게 전 국토를 하나의 점으로 연결해 나갔다.

중국은 2008년 8월 세계가 주목하는 베이징 올림픽 개막식에서 한나라 때의 고대 실크로드와 명나라 때의 정화 대원정을 소재로 해상 실크로드를 표현했다. 이때 중국이 세계에 보여준 것은 동서양이 무역을 통해 평화롭게 교류하는 모습을 강조한 것으로, 결과적으로 일대일로의 예고편이 됐다. 시진핑은 개혁개방 이후 중국의 국내외 전략을 하나하나 종합하기 시작했다.

일대일로의 시대가 열리다

3장

중국의 서진,
중동-남아시아-중앙아시아를
연결하다

'일대일로는 마셜 플랜보다 더 오래됐고 더 새로운 것이다.' 왕이 중국 외교부 부장의 발언대로 일대일로는 보는 시각에 따라 시간, 공간 그리고 인간의 범위를 다르게 설정할 수 있다. 부정할 수 없는 것은 일대일로가 마셜 플랜의 운영 방식을 참고해 미국 주도의 세계화 물결 속에서 꾸준히 발전해온 중국의 구상이자 전략이라는 것이다. 1979년까지 중국은 '죽竹의 장막' 속에 고립됐으나, 현재는 일대일로 글로벌 구상을 국제사회에 제시할 만큼 개방적이다.

'마셜 플랜보다 더 오래됐고 더 새롭다'

중국은 개발도상국으로서 1990년대부터 GATT, WTO 주도의 세계무역 질서와 IMF 주도의 세계경제 질서에 적응하며 제한적 개방형 체제로 세계화에 참여했다. 2001년부터 WTO에 가입해 빠른 경제성장을 실현하면서 미국 주도의 신자유주의적 세계화를 경험했다. 2008년 세계 금융위기에 높은 준비자산 관리, 과잉생산 품목 처리, 지속 가능한 경제발전을 위한 모멘텀 마련 등이 필요했던 위기의 순간에 중국은 '공간을 베이스로 한 세계화'의 기치를 내걸고 ADB의 연계성을 수용하며 중국판 마셜 플랜을 준비하게 됐다. 차가운 물에 입수하기 전에 준비운동을 하듯, 중국은 미국 주도의 세계화에는 철저한 준비운동으로 참여하면서 유라시아·아프리카 지역에는 적극적으로 중국식 마셜 플랜을 전개했다.

중국은 자유무역시험구를 미국 주도의 세계화와 중국을 연결하는 창구로 사용했다. 또한 자유무역시험구를 TPP 요구치 이상의 개혁개방을 위한 준비운동 공간으로 활용했다. 이를 통해 중국 전반을 고효율의 국제화된 공간 네트워크 플랫폼으로 전환하며 스스로를 허브로 만들고자 한다. 중국은 이렇게 환태평양경제권에서 미국과 표준화 주도권 경쟁을 전개하면서 유라시아·아프리카 지역에서는 개발도상국에 유리한 표준으로 자유무역지대의 파이를 키워 나갔다.

중국은 궁극적으로 유라시아·아프리카 버전 일대일로에 미국이 참여하도록 유인하는 전략을 전개하면서 동아시아를 몸으로 유라시아·아프리카와 환태평양·환대서양 경제권을 두 날개로 삼는 국제판 일대일로를 지향하고 있다. 일대일로는 이렇듯 '공간을 베이스로 한 세계화'의 물결 속에 국제사회에 등장했다.

실크로드 교류의 장을 연 카자흐스탄

서부 실크로드 지역은 화약고가 될 수도 있었던 다민족의 공간이다. 소련이라는 구심력이 사라진 직후 서부 실크로드 지역은 슬라브 계열과 튀르크 계열 또는 반反러시아 계열과 용用러시아 계열로 나뉘면서 독립 초반에 갈등의 조짐을 보였다. 여기에 유럽, 미국, 일본, 러시아, 중국, 중동, 남아시아 등의 개입이 갈등의 도화선을 증폭하고도 남았다. 이런 복잡한 실크로드 공간에서 균형과 안정을 유지한 사람은 누루술탄 나자르바예프 카자흐스탄 대통령이다.

카자흐스탄은 1991년 12월 소련에서 독립한 중앙아시아 국가로, 지리적으로 고대 실크로드의 핵심 지역이었다. 이런 지리적 위치와 더불어 140여 개의 민족과 17개의 종교가 공존한다. 나자르바예프 대통령은 독립 직후인 1992년 10월 제47회 유엔총회에서 실크로드 역내 안보·경제 지역협력체가 부재함을 강조하며 CICA(아시아 교류 및 신뢰구축회의) 설립을 제안했다. 카자흐스탄은 CICA를 시작으로 다양한 지역협력체에 참여하며 실크로드의 장점을 발휘했다. 카자흐스탄은 지경학적 장점을 발휘해 미국·유럽연합·러시아 간의 완충국으로서 실크로드 교류의 장을 열었다.

카자흐스탄은 중국, 러시아, 카스피 해, 중앙아시아, 중동, 남아시아의 중앙에 취한 내륙국가로서 유라시아 실크로드 연결에 있어 지경학적 요충지다. 나자르바예프는 1997년 12월 카자흐스탄의 수도를 남부의 알마티에서 북부의 아스타나로 옮겼다. 이로써 카자흐스탄은 알마티와 아스타나 두 개의 경제엔진을 갖게 되었다. 중국 신장웨이우얼자치구와 러시아로 연결되는 아스타나와 중국 신장웨이우얼자치구와 중앙아시아, 중동, 서아시아로 연결되는 알마티의 연계로 다양한 노선이 활성화될 수 있게 된 것이다.

카자흐스탄은 균형을 지키며 경제발전에 집중했다. 나자르바예프는 2011년 독립 20주년을 맞아 '카자흐스탄 2050전략'을 발표해 경제발전 계획을 제시했다. 이 계획에서 주목할 점은 인프라 건설 분야로, 내륙 국가인 카자흐스탄이 해양 진출 루트를 확보한다는 내용이다.[106] 카자흐스탄은 실크로드 지역에서 다양한 국제지역협력체를 연계하며 에너지자원, 교통 인프라, 통관제도 개혁, 기술 혁신 등을 통해 태평양, 인도양, 지중해를 잇는 내륙 허브 국가 건설을 지향하면서 균형외교 노선을 견지했다. 카자흐스탄은 중국의 실크로드 개발로 동진東進의 기회를 얻었다.

테러 지역을 경제협력체로 활용, 중앙아시아 진출

중국이 실크로드 개발에 적극적으로 참여하게 된 계기는 2001년 6월 SCO(상하이협력기구)가 출범하면서부터다. 중국으로서는 중앙아시아에 진출할 정책소통 플랫폼을 마련한 것이다. SCO 첫 회의의 주요 의제는 '삼고세력三股勢力'이었다. 삼고세력이란 종교극단주의, 민족분열주의, 테러단체를 말한다. SCO는 '테러주의, 분열주의, 극단주의 공격에 관한 상하이 공약'을 채택하며 여섯 개 회원국 간의 안보협력체제를 구성했다.[107]

중국은 신장웨이우얼자치구와 티베트, 러시아는 체첸을 중심으로 분리 독립 요구와 테러가 빈번했고, 중앙아시아 국가는 이슬람 종교극단주의의 테러 위기에 직면해 있었다. 이런 상황에서 미국에 2001년 9·11테러가 발생하면서 미국, 러시아, 중국을 중심으로 테러와의 전쟁에 대한 공감이 형성됐다. 미국은 '테러와의 전쟁'을 위해 고대 실크로드 지역에 군사 개입을 강화했고, 러시아는 SCO를 안보협력체제로 활용하려 했다.

반면 중국은 SCO를 경제협력체로 활용해 실크로드 지역과의 연계를 모색했다. 미국은 탈레반, 러시아는 체첸, 중국은 동돌궐족東突厥族(Eastern Turkestan)을 주요 테러 단체로 여겼다. 동돌궐족은 신장웨이우얼자치구에 주로 거주하지만 중앙아시아에서의 주요 거점은 우즈베키스탄이었다.[108] 중국은 앙골라 모델 방식으로 신장웨이우얼자치구-카자흐스탄-우즈베키스탄-투르크메니스탄의 에너지 라인을 개발하고 산업 벨트를 형성하고자 했다. 신장웨이우얼자치구-카자흐스탄-우즈베키스탄-투르크메니스탄-이란 라인과 신장웨이우얼자치구-파키스탄 라인을 통해 인도양과의 연계를 구상하고 차항출해 전략과 에너지자원 전략을 종합하고자 한 것이다. 중국은 동돌궐족이 분포한 지역을 개발하면 신장웨이우얼자치구 내 분리 독립 시위를 해소할 수 있을 것이라고 생각했다. 연변조선족자치주의 조선족이 문화적으로 비슷한 한국에 진출해 부를 얻어 그 부를 연변에 투자하는 원리와 비슷하다.

중국이 얻는 것은 변경 지역의 발전과 안전이며, 이웃 국가가 얻는 이득은 중국 내수시장 진출이다. 이는 공간을 바탕으로 한 문명 교류의 개념으로, 페이샤오퉁의 민족 공존 원칙, 즉 동질성을 추구하되 상이함은 인정하는 구동존이에 부합했다. 중국은 실제로 도로·철도·공항 등의 인프라를 건설해 이슬람 문화권과 투자를 주고받으며 중동·중앙아시아와 중국 내 닝샤후이족자치구·신장웨이우얼자치구와의 문명을 바탕으로 한 산업·관광 벨트 라인을 형성해 연계성을 꾀하고 있다. 중국은 테러 단체는 규탄하되 관련 지역의 개발에 집중함으로써 문명과 경제의 연계를 통한 국가 이익 확장에 집중했다. 반면 한족漢族 위주의 중국 대기업이 관련 지역의 개발로 경제권을 장악한 후 현지의 소수민족을 소외하면서 새로운 갈등을 야기하기도 했다.

투르크메니스탄과 이란과의 관계 급진전

이렇듯 2001년 이후 중국은 경제력을 확장하며 SCO를 통한 서진西進을 시작했다. 중국은 CICA, SCO 등에 참여하면서 실크로드 개발과 경제·안보 협력의 저변을 넓혀갔다. 2003년 일본이 중국-러시아 송유관 건설에 개입하자 중국은 실크로드 지역에 더 적극적으로 진출했고, 앙골라 모델을 중앙아시아와 중동 지역에 적용했다. 실크로드 지역 내 중국의 주요 대상국은 투르크메니스탄과 이란이었으며, 통과국은 카자흐스탄·우즈베키스탄·키르기스스탄 등이었다.

중국이 투르크메니스탄에 접근한 것은 2006년 12월 사파르무라트 니야조프 대통령이 돌연사하면서부터다. 투르크메니스탄은 천연가스 부국이지만 러시아를 제외하고는 천연가스 자원 개발의 대외개방을 막았다. 이후 신임 대통령은 러시아 가스프롬과 맺은 25년간의 천연가스 공급 계약을 승계함과 동시에 다른 해외시장에도 문을 열었다.[109] 2009년 12월 후진타오는 투르크메니스탄에서 열린 천연가스 파이프라인 개통식에 참석해 투르크메니스탄-카자흐스탄-중국으로 이어지는 가스 파이프라인

개통을 축하했다.[110]

중국은 또한 이란과의 관계도 강화했다. 2011년 대이란 국제 제재로 철수하던 미국, 유럽, 일본 등의 자원 개발 플랜트 기업의 개발권을 CNPC, SINOPEC, CNOOC 등 중국의 에너지 국영기업이 인수하면서 중국은 에너지자원 공급원 다원화에 성공했다.[111]

중국은 고대 실크로드 지역 내에서 내정불간섭 원칙을 내세워 미국 주도의 국제 제재에 반대하며 제재 대상국과 독점적으로 경제 협력을 진행해 지경학적 네트워크를 확보해 나갔다. 이로써 중국은 아프리카-중동-남아시아-중앙아시아로 연결되는 에너지 실크로드 지역 내에서 각종 인프라 건설과 차항출해, 차항입륙 전략을 통한 공간 네트워크 플랫폼 건설을 진행하게 됐다.

탄생 비화,
대륙과 해양의
만남

일대일로 형성의 또 다른 촉매제는 ASEAN이다. 냉전 종식 이후 미국은 NAFTA(북미자유무역협정, 1992), 유럽은 유럽연합(EC→EU, 1994)을 통해 지역 내 경제 통합과 동시에 타 지역에는 배타적인 경제체를 구축했다. 1992년의 글로벌 가치사슬에서 미국과 유럽시장 의존도가 높았던 ASEAN은 자유무역지대 건설에 나서며 동남아시아의 내수시장 확대에 힘썼고, 1995년 'ASEAN 일체화 이니셔티브'를 채택했다.[112]

ASEAN의 외연이 확장된 계기는 1997년 아시아 금융위기였다. 미국이 신자유주의 기반의 세계화와 세계무역 자유화를 추진하는 가운데 아시아 금융위기가 발생했다. 아시아 금융위기는 세계 금융 네트워크를 타고 동남아시아, 중화권, 한국, 일본에까지 영향을 미쳤는데, 이에 공동으로 대응하기 위해 설립된 것이 'ASEAN+3(한·중·일)'과 'ASEAN+1(한·중·일)'이다.

ASEAN 연계와 해양 전략 강화를 함께

1998년 12월 베트남 하노이에서 열린 제6차 ASEAN 정상회담에서 각국 지도자는 'ASEAN+3'과 'ASEAN+1'을 설립했다.[113] ASEAN+3은 경제·금융 분야 협력을 골자로 안보·사회·문화·관광 등 협력 분야의 범위를 확장하며 지역 일체화를 추진했다.[114]

2001년 11월 주룽지 중국 총리는 ASEAN+3을 동아시아 협력의 플랫폼으로 여겼다. 주룽지는 동남아시아와 한·중·일에 걸쳐 무역·투자 협력을 중심으로 금융·과학기술·정보·환경보호·메콩 강 개발 등의 분야에서 상호 협력을 촉진하고, 향후 정치·안보 분야의 협력으로 발전시켜야 한다면서 ASEAN+3 및 각각의 ASEAN+1의 발전과 각 플랫폼 간의 상호 협력을 역설했다.[115] 또한 그는 ASEAN+3을 계기로 ASEAN과의 FTA도 추진했다.[116]

중국은 ASEAN 연계와 해양 전략 강화를 병행했다. 중국의 해양 전략은 해양 강국 건설이라는 목표를 달성하기 위한 것이다. 이것이 해상 실크로드 건설의 시작이다. 후진타오는 2002년 11월 제16차 전국대표대회 취임 연설에서 '해양 개발 실시의 임무와 요구'를 제시했다. 그는 2009년 '조화로운 해양和諧海洋' 건설을 제안하며 해양 안전 문제에 접근했고, 2010년 10월 제17차 5중전회에서는 해양 경제발전 전략을 발표했다.

2011년 11월 원자바오는 제14차 ASEAN+3 정상회담에서 동아시아의 연계성을 통해 무역 자유화와 편리화를 실현해야 한다고 주장했다.[117] 그는 30억 위안의 중국-ASEAN 해상협력기금 설립을 선언하며 해양 협력 프로젝트를 제안했다.[118] 후진타오는 이듬해 11월 제18차 전국대표대회 퇴임 연설에서 '해양 강국 건설'을 제시하며 중국이 가야 할 길을 강조했다. 이는 중국이 해양 전략을 중요한 국가 전략으로 격상시켰다는 것을 의미한다.[119]

중국은 ASEAN+1 자유무역지대와 함께 해상 실크로드 건설이라는 명분을 가지고 중국 해양경제의 외연을 넓히고 있으며, 앞으로 중국+동남아시아를 축으로 인도양과 남태평양을 연결하게 될 포석을 마련했다. 이로써 중국은 중앙아시아-중동-유럽·아프리카를 잇는 서부 노선과 동남아시아-환인도양을 잇는 남부 노선을 완성했다.

APEC의 메가급 FTA

APEC 역시 일대일로를 말해주는 또 하나의 중요 키워드다. APEC은 아시아태평양 지역경제협력체로서 1989년 APEC 각료회의로 출범하여 1993년 APEC 정상회의로 격상됐다(2016년 기준 21개국). 중국은 1991년 홍콩, 타이완과 함께 가입했으며, 그 영향력은 SCO나 CICO 등에서와 달리 크지 않다. APEC은 세계무역 자유화의 흐름 속에 1994년 '보고르 Bogor 목표'를 채택해 선진국은 2010년까지, 개도국은 2020년까지 무역·투자 자유화를 달성하기로 결정했다. 그러나 APEC 전체가 경제 일체화를 실현하는 데는 한계가 있었다.[120]

2006년 APEC은 FTAAP(아시아태평양자유무역지대) 건설을 추진했다. FTAAP는 아시아태평양 지역의 무역·투자 자유화를 위한 메가급 FTA

로, 장기적 목표 아래 협상이 진행 중이다. APEC의 메가급 FTA(FTAAP)를 둘러싸고 미·일과 중국 간의 표준화 주도권 경쟁이 가열됐다.[121] 미국과 일본은 APEC 내의 열두 개 국가를 엮어 TPP(환태평양경제동반자협정)를 추진하면서 선진국에 유리한 표준화를 설정해 중국을 견제하기 위한 가치사슬 형성을 시도했다.

중국은 환태평양과 환인도양 경제권 지역의 국가와 함께 RCEP(역내포괄적경제동반자협정)라는 메가급 FTA를 추진하고 있다. RCEP는 ASEAN+6인데, ASEAN+3에서 인도·오스트레일리아·뉴질랜드를 포함한 지역경제협력체로서 개발도상국에 유리한 표준화 설정을 지향한다. 오바마 집권 기간에 미·일은 TPP를 지렛대 삼아 FTAAP를 주도하기 원했고, 시진핑의 중국은 ASEAN+1과 RCEP를 지렛대 삼아 환인도양·남태평양경제권에서 표준화 주도권을 형성해 환태평양 지역의 FTAAP까지 그 주도권을 확대하고자 했다.

미국 주도의 GATT, WTO는 글로벌 금융시장의 연결과 통신·물류 시스템의 발전 속에서 세계무역 자유화를 위한 국제 협상을 시작했다. GATT는 1986년 우루과이라운드로 1995년 WTO를 탄생시켰고, WTO는 2001년부터 도하 개발 어젠다 협상을 통해 세계무역 자유화를 추진했다. 선진국과 개발도상국 간 무역 자유화 규칙(표준)에 대한 이해갈등은 좁혀지지 않았다. 이런 이유로 국제사회에서는 세계화와 별도로 상이한 표준화의 양자 혹은 다자간 FTA와 RTA(지역무역협정)이 발생했다. 이런 상황 속에 APEC의 FTAAP, 미국 주도의 TPP, 미국과 유럽연합 주도의 TTIP, 환인도양·남태평양지역 내 중국 주도의 RCEP 협상이 진행됐으며, 이를 플랫폼으로 경제대국 간의 세계무역 자유화 주도권 확보를 위한 경쟁이 전개됐다.

ASEAN 버전의 일대일로

2008년에는 세계무역 자유화, 지역 블록화, 각종 FTA·RTA와 별개로 '연계성'이 제안됐다. 미국발 세계 금융위기는 기존의 세계화와 다른 '공간 베이스의 세계화' 전략 연계성을 세계 범위로 확장하는 직접적인 원인이 됐다. 연계성은 물리적 인프라 연계성[設施聯通], 제도적 연계성[貿易暢通], 민간교류 연계성[民心相通]으로 공간을 엮으면서 산업 벨트, 글로벌 가치 사슬을 형성해 이를 플랫폼으로 하여 산업과 문명의 생태계를 형성하는 것이다. 지역경제협력체·RTA·FTAAP 회원국은 점차 연계성을 채택하기 시작했다. 연계성의 세계화에서 중국이 2013년부터 주도권을 쥐면서 일대일로 구상이 급격하게 글로벌 단위로 확장됐다.

연계성을 먼저 수용한 곳은 ASEAN이었다. 2009년 10월 제15차 ASEAN 정상회담에서 ASEAN 연계성 추진 논의가 시작됐다. 이어 2010년 4월 제16차 ASEAN 정상회담에서 'ASEAN 연계성에 관한 마스터플랜'을 발표했다. 2015년까지 단일 경제 공동체인 AEC(아세안경제공동체) 건설을 목표로 연계성을 활용해 상품·재화·서비스뿐 아니라 노동력의 자유로운 이동의 원칙을 관련 내용에 포함했다.[122]

ASEAN의 연계성 수용은 주변 지역에 영향을 미쳤다. ASEAN은 2000년대부터 ASEAN+1, 3, 6, 8 등 ASEAN 10개국을 중심으로 다층위의 지역협력체를 구성하며 공간 베이스의 경제공동체 추진을 위한 연계성을 준비했다. ASEAN을 생산 기지로 삼는 글로벌 가치사슬 구축과 ASEAN에 유리한 해외시장 환경 조성을 위한 단계별 전략이었다. ASEAN의 연계성은 ASEAN 버전의 일대일로였다.

중국은 2009년부터 준비자산 활용을 위한 '중국판 마셜 플랜'을 추진하면서 ASEAN의 영향으로 연계성을 수용했다. 중국은 ASEAN의 연계성을 지지하면서 ASEAN+3의 연계성 채택을 주장했다. 2011년 11월 제14차 ASEAN+3 정상회담에서 원자바오는 ASEAN의 연계성이 동아시아로 확장돼야 한다고 역설했다. 또한 한·중·일 3국이 자금, 기술, 인력 등의 장점을 발휘해 연계성을 추진하고 그럼으로써 동아시아의 경제 일체화를 진행하자고 제안했다. 원자바오는 태국이 제안한 'ASEAN+3 연계성 파트너 관계 이니셔티브'를 지지하며 중국이 적극적으로 동아시아 내 연계성에 참여하겠다는 뜻을 밝혔다.[123] 2012년 11월 제15차 ASEAN+3 정상회담에서 13개국 정상은 ASEAN+3 연계성 채택 성명을 발표했다. 또한 ASEAN+6(RCEP), ASEAN+8(EAS)에서도 연계성을 채택하면서 범위를 확장했다.[124] 중국은 윈난 성·광시좡족자치구, 남중국해를 통해 ASEAN 국가와 인접하고 있다. 중국은 이런 지리적 장점을 활용해 ASEAN의 연계성에 접근했다.

실크로드 경제 벨트의 기본 틀 CAREC

ASEAN의 연계성은 중앙아시아에도 영향을 주었다. CAREC(중앙아시아지역경제협력체)는 2007년에 TSCC(교통부문협력위원회)와 CCC(세관협력위원회)를 설립해 교통과 무역 편리화를 진행했다. CAREC는 2012년 11월 연계성을 채택했다. 또한 신장웨이우얼자치구·네이멍구, 카자흐스탄, 키르기스스탄, 타지키스탄, 우즈베키스탄, 파키스탄, 아프가니스탄, 아제르바이잔, 몽골, 투르크메니스탄에 2020년 완공 목표로 인프라 개발을 진행하고 있다. CAREC는 TRACECA와 연계가 가능해 유라시아로 연결되는 중요한 통로로 자리매김하고 있다.[125]

CAREC는 일대일로의 주요 정책소통 플랫폼으로서 '실크로드 경제벨트'의 기본 틀이 됐다. 중국은 CAREC에 참여하면서 SCO의 정책소통 플랫폼을 활용하기 시작했다. 2012년 6월 베이징에서 개최된 SCO 정상회담에서 중국과 러시아를 포함한 각 회원국은 'SCO 중장기 발전전략 계획'을 채택했다. SCO는 이 계획에 연계성을 포함했다. SCO 회원국은 국제도로운송편리화협정을 체결하는 한편 철로나 항공과 같은 인프라 건설·정비, 통관 시스템을 개혁해 국경 통과 시 시간과 비용을 절감하기로 결정했다. 또한 SCO 회원국 간의 에너지 안보, 대체에너지, 선진 에너지 기술 개발 등 에너지자원 분야와 농업, 과학기술, 교육, 문화, 보건, 체육, 관광, 환경보호 분야에 걸친 협력을 약속했다.[126]

후진타오는 SCO 이사회에서 'SCO는 유라시아와의 연계로 잠재력이 크다'면서 '철로, 도로, 항공, 전기, 통신, 파이프 등의 인프라 건설을 통한 연계성으로 실크로드에 새로운 의미를 부여할 수 있을 것'이라고 발언했다. 또한 '새로운 개발은행'을 설립해 식량 안보, 에너지 분야 협력, 무역·투자 편리화 등을 통한 역내 경제발전을 추진하자고 제안했는데, 새로

운 개발은행은 이후 AIIB로 발전했다.[127]

연계성에 실크로드 프레임을 더하다

연계성의 확장 속에 중국은 내륙과 해상 실크로드를 언론에 자주 노출했다. 가장 대표적인 예가 2008년 올림픽 개막식이다. 중국은 당시 아프리카·중동·중앙아시아·동남아시아에 걸친 개발과 물류 라인을 개척했고, 차항출해·차항입륙 전략을 통한 다원화된 물류 네트워크를 형성하던 시기였다. '차항출해=진주목걸이 전략'이나 '앙골라 모델=신식민지주의'와 같은 중국 위협론 프레임에서 벗어나기 위해 평화 교류의 상징인 실크로드 프레임을 활용한 것이다.

2011년에는 제1차 '둔황행 실크로드 국제관광축제'를 개최했고 이후 연례행사로 진행해왔으며, 또한 베이징에서 개최된 SCO 정상회담 기간 동안 '실크로드 인문협력상'과 '실크로드 평화상' 위원회를 설립해 SCO 회원 국가, 옵서버 국가, 대화 파트너 국가에서 협력과 평화의 실크로드 정신에 공헌한 인물을 선정해 상을 주었다.[128] 2012년 11월 베이징에서 개최된 중국 전국 세계문화유산 회의에서는 난징, 양저우揚州, 닝보寧波, 취안저우泉州, 푸저우福州, 장저우漳州, 펑라이蓬萊, 광저우廣州, 베이하이北海를 해상 실크로드 유산 도시로 발표했다.[129] 중국 국가문물국은 해상 실크로드의 중심이 푸저우임을 강조했다. 2013년 10월 21세기 해상 실크로드 공동 건설 제안 이후 푸저우를 해상 실크로드의 중심지로 홍보하며 실크로드 이미지를 부각함과 동시에 타이완과의 통일을 위한 포석을 두었다.

중국 국가문물국은 2013년 3월 베이징에서 허난 성河南省, 산시 성陝西省, 간쑤 성, 칭하이 성, 닝샤후이족자치구, 신장웨이우얼자치구 지방정부와 '실크로드 유산 보호에 관한 합동협정' 체결 의식을 가졌다.[130] 이런 행사는 앞에 언급한 여섯 개의 지방정부가 2013년 9월 시진핑의 실크로드 경제 벨트 제안 이후 그 핵심 지역으로 강조하는 근거가 됐다. 중국은 연계성에 실크로드 프레임을 더하면서 일대일로의 퍼즐을 완성해 나갔다.

미국의 실수, APEC 연계성을 주도한 시진핑

APEC 역시 연계성을 수용했다. 2009년 10월 ASEAN 정상회담에서 연계성 추진 논의가 진행됐고 그 한 달 뒤인 11월 싱가포르에서 APEC 정상회담이 개최됐다. 이 회담에서 ASEAN 회원국인 싱가포르, 인도네시아, 말레이시아, 태국, 필리핀, 베트남, 브루나이 등이 주축이 되어 연계성을 의제에 포함했다. 중국과 러시아는 2012년 6월 SCO 정상회담에서 연계성을 채택한 이후 같은 해 9월 러시아 블라디보스토크에서 열린 제20차 APEC 정상회의에서 환태평양 내 연계성 채택을 주도했고, 동시에 공간 베이스의 자유무역지대 건설의 시작을 알렸다.[131] 후진타오는 당시 APEC 비즈니스 지도자 회의 강연에서 '연계성 심화, 지속적인 발전 실현'이라는 제목으로 중국의 경제성장 현황, 중국의 역내 역할, 아시아태평양 지역 내 연계성의 필요성을 설명했다.[132]

중국은 이렇듯 ASEAN+1, SCO, APEC과의 연계성을 추진하며 다양한 지역의 공간 베이스 자유무역지대 공동 건설에 참여했다. 중국은 2010년 이후 일본을 앞지르며 세계 GDP 2위의 경제 강국으로 등극했다. 그러면서 자연스럽게 정책소통 플랫폼, 금융·융자 플랫폼, 공간 네트워크 플랫폼을 형성함과 동시에 실크로드라는 프레임을 더하며 국제사회에서 중국의 역할을 강화해 나갔다. 중국은 또한 브라질, 러시아, 인도, 남아프리카공화국 등 신흥국과 연대해 금융 협력을 강화하면서 세계 금융위기 이후의 글로벌 무역질서에 새로운 강국으로 등장했다. 오바마 당시 미국 대통령은 이에 2011년부터 실크로드 전략과 아시아 회귀 전략으로 중국, 러시아, 이란을 포위하며 TPP와 TTIP로 태평양, 대서양 경제권 확보에 나섰다.

일대일로와 아시아 회귀 전략 구도가 형성되는 시점에서 중국에 기회가 온 것은 2013년 10월 인도네시아 발리에서 열린 제21차 APEC 정상회담이었다. 시진핑은 정상회담 한 달쯤 전인 9월 카자흐스탄에서 '실크로드 경제 벨트'와 5통五通을 제안한 바가 있다. 그 여세를 몰아 다음 달 수실로 인도네시아 대통령과의 면담에서 AIIB 설립을 제안한 뒤, 인도네시아 국회 연설에서 '21세기 해상 실크로드' 공동 건설을 제시했다. 그 후 발리로 이동해 APEC에서 연계성 어젠다를 주도했다.

'아시아 회귀 전략'을 구사하던 미국의 가장 큰 실수는 바로 이때 발생했다. 연계성 채택을 위한 2013년 APEC 정상회담에 오바마 당시 미 대통령이 불참한 것이다. 그해 미국의 건강보험 개혁안인 '오바마 케어'를 둘러싸고 공화당과의 대립이 극심해져서 2014 미국 회계연도 예산안이 의회에서 통과하지 못한 것이다.[133] 미국은 10월 1일부터 15일까지 의

회를 일시 폐쇄하는 초유의 사태에 빠졌다. APEC 정상회담일이 10월 5일이라 오바마는 APEC에 참석할 수 없었다. 그 대신 존 케리 국무장관과 마이클 프로먼 통상대표부가 APEC 정상회의에 참석했으나 오바마의 역할을 대신하기에는 역부족이었다. 오바마는 원래 말레이시아와 인도네시아 등 동남아시아를 순회하며 아시아 회귀 전략을 강화할 예정이었으나 갑작스럽게 불참 결정을 내리게 됐다. 이에 싱가포르의 리셴룽李顯龍 총리는 실망감을 표현하기도 했다.[134] 미국의 실수는 곧 중국의 기회가 되었다.

2014년 APEC 정상회담 개최지는 중국 베이징이었다. 시진핑은 11월에 먼저 중앙재경영도소조 제8차 회의를 통해 일대일로와 AIIB의 역할을 강조했다.[135] 이어서 열린 '연계성 파트너 관계 강화 회담' 중에 방글라데시, 라오스, 몽골, 미얀마, 타지키스탄, 캄보디아, 파키스탄 등의 정상과 일대일로의 내용, 연계성을 설명하며 중국 출자의 '실크로드 기금'을 처음 제안했다. 시진핑은 이 자리에서 중국이 금융·융자 플랫폼을 제공해 동아시아를 엮는 연계성을 주도적으로 건설하겠다는 뜻을 밝히고, 얼리 하비스트 방식으로 쉬운 프로젝트부터 진행할 것이라 밝혔다.[136]

시진핑은 11월 APEC 베이징 정상회담에 참석해 연계성과 중국의 일대일로 구상을 홍보하며 국제적 여론을 형성하기 시작했다. 이틀 후에는 리커창李克强 총리가 미얀마에서 개최된 ASEAN+중국 정상회담에 참석해 RCEP 협상 추진과 함께 일대일로 공동 건설, AIIB 설립을 위한 외교활동을 본격적으로 전개했다.[137] 중국은 이렇듯 동아시아에서 미국의 전략이 흔들리는 틈을 타 러시아, 동남아시아, 남아시아, 중앙아시아, 동북아시아에 연계성을 추진하며 일대일로의 기반을 닦아 나갔다. 일대일로는 이렇듯 마셜플랜, 강대국의 에너지 실크로드 경쟁, 중국의 개혁개방, 쩌우추취 전략, 연계성 전략 등이 모두 종합되며 누적된 구상이자 전략이다. 왕이 중국 외교부 부장의 발언대로, 일대일로는 마셜플랜보다 오래되기도 하고, 마셜플랜보다 더 새로운 것이기도 한 셈이다.

3

일대일로의 미래 그리고 한국

공산 개발 프로젝트, 유라시아를 넘어 세계로

우리에게 일대일로란?

공간 개발 프로젝트, 유라시아를 넘어 세계로

1장

네트워크로 연결하라

일대일로는 앞으로 지도 위에 어떤 그림을 그리게 될까? UN ESCAP(아시아-태평양경제사회위원회)이 제시한 내용을 보면 일대일로의 연결 공식을 알 수 있다. 지구촌은 허브와 허브를 연결하며 교통 네트워크를 형성한다. 즉 기존의 인프라 라인에 더해 각 국가의 수도와 수도, 산업과 농업 중심지, 해양과 내하의 중심 항만, 컨테이너 터미널과 물류단지 간의 공간 네트워크 플랫폼을 건설하고 있다. 이 자료에 추가할 것은 공항과 공항 연계, 다양한 인프라 간 복합 네트워크 연계다. 모든 도시는 각기 비교우위를 갖는다. 각 도시는 국제 인프라 연결로 국제 산업 벨트를 형성하며 각자의 비교우위를 발휘할 수 있는 플랫폼을 갖는다.

핵심은 공간 연결 원칙

- 수도capital와 수도의 연결(국제 교통 루트)
- 주요 산업과 농업 센터 간의 연결(중요한 출발지와 목적지 간의 연결)
- 주요 해양과 강 항구 간의 연결(내륙과 해양 교통 네트워크 통합)
- 주요 컨테이너 터미널과 물류단지 간의 연결(철로와 도로 네트워크 통합)

- UN ESCAP, 〈아시아횡단철도 개발Development of The Trans-Asian Railway[1]〉

중국은 UN ESCAP의 공간 연결 원칙을 기반으로 일대일로의 핵심 내용을 발표했다. 2013년 11월 중국 중앙 제18차 3중전회에서 나온 '전면적인 개혁 심화에 관한 약간의 중대 문제 결의'다. 이 결의 내용에 개혁개방 전략, 자유무역시험구 내 표준 적용 시험과 성공 모델 전국 확산, 통관과 검험검역 제도 개선, 산업 구조 전환, 연계성 추진, 산업 벨트와 글로벌 가치사슬 형성, 일대일로 추진을 위한 개발형 금융기구 설립 등의 핵심 사항이 명시돼 있다.

- 상하이 자유무역시험구 설립은 중국 중앙이 새로운 국제정세 속에 개혁개방을 추진하는 중요한 조치다.
- 자유무역지대 건설에 속도를 낸다. 세계무역체제 규칙과 양자·다자·국제 간 개방과 협력을 견지하며 각 국가 및 지역과의 이익 교집합을 더욱 확장한다. (……) 고高표준화된 글로벌 자유무역지대 네트워크를 형성한다.
- 내륙과 변경 지역의 개방을 확대한다. 글로벌 산업의 재배치 기회를 잡아 내륙무역, 투자, 기술 혁신 협력 발전을 추진한다. (……) 내륙 도시의 국제 여객과 화물 운송 라인 개설을 지지하며, 다양한 복합형 연계 운송을 발

전시켜 동부-중부-서부, 남방-북방을 연계해 대외경제회랑을 건설한다.

• 변경 지역의 개방 속도를 높인다. (……) 개발형 금융기구를 설립하고 주변국과 함께 인프라 건설을 통한 연계성을 실시하여 실크로드 경제 벨트와 해상 실크로드 공동 건설을 추진한다.

- 시진핑, '전면적인 개혁 심화에 관한 약간의 중대 문제 결의', 2013[2]

결의 내용을 보면 중국은 인프라를 구축하고 상업을 통해 공업을 일으킨다는 페이샤오퉁의 '이상대공以商帶工'과 ADB의 연계성互聯互通을 활용했음을 알 수 있다. 여기에 다시 중국 3대 경제권인 환발해, 창장 강 삼각주, 주장 강 삼각주를 추가하면 일대일로의 그림이 명확해진다.

페이샤오퉁이 제시한 '상하이를 용의 머리, 창장 강 삼각주를 날개, 창장 강 경제 벨트를 척추, 서부·남방 실크로드를 꼬리'로 삼는 국내 개발 전략을 골자로 동부와 서부 그리고 환발해와 주장 강 삼각주 남북을 연계하는 다음 장의 그림과 같은 다이아몬드 형태의 개발 전략을 확인할 수 있다.

다이아몬드 형태는 동쪽으로 창장 강 삼각주, 서쪽으로 청위 도시권, 북쪽으로 징진지 협동발전계획, 남쪽으로는 주장 강 삼각주를 꼭지점으로 한다. 창장 강 경제벨트를 중심으로 북동쪽은 산둥 성과 장쑤 성, 남동쪽은 저장 성과 푸젠 성, 북서쪽은 산시 성-서부 실크로드, 남서쪽은 광시좡족자치구·윈난 성-남방 실크로드로 구성된다. 여덟 개 방향의 로드는 복합적으로 교통 인프라 네트워크를 형성한다. 또한 충칭과 산시 성을 축으로 서부 실크로드와 남방 실크로드가 교차한다. 충칭과 산시 성은 신

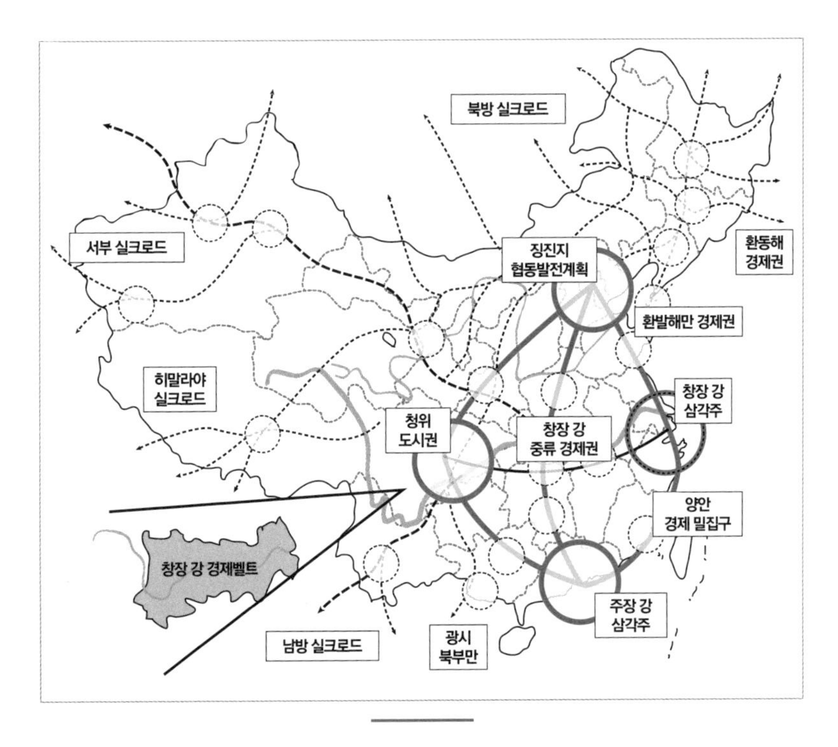

중국 다이아몬드 형 공간 네트워크와 주변국 연계 노선

장웨이우얼자치구, 티베트가 연계되고, 서부 실크로드 라인과 히말라야 라인이 연계된다. 남방 실크로드는 창장 강 경제 벨트와 직접 연결된다. 중국-몽골-러시아의 북방 라인은 징진지와 산시 성을 축으로 한 서부 라인과 직접 연계된다. 동북 지역 실크로드는 징진지와 연계되며, 러시아나 북한의 항만을 통해 환동해경제권을 거쳐 중국 동부 연해와 연결된다.

뉴 노멀 시대에 맞는 구조를 찾다

중국은 다이아몬드 형태의 지역을 중심으로 3+1해양경제권(환발해경제권, 창장 강 삼각주, 주장 강 삼각주+양안경제권)을 주요 출해 공간으로 활용하고, 이를 다시 5대 주요 내륙 게이트웨이*와 연결해 중국을 하나로 묶는 인프라를 건설하고 있다. 여기에 2014년 말 중국 중앙정부가 발표한 2015년 3대 국가 전략인 일대일로, 징진지 협동발전계획, 창장 강 경제 벨트[3]와 4대 경제블록인 동부솔선, 서부개발, 동북진흥, 중부굴기까지 완성된다면 앞으로 중국 국내의 일대일로 개발은 앞의 그림처럼 그려질 것이다.

***내륙 게이트웨이**
서부 실크로드 라인: 창장 강-신장웨이우얼자치구-중앙아시아·남아시아·중동·러시아·유럽, 남방 실크로드 라인: 창장 강-윈난·광시좡족자치구-동남아시아·남아시아·환인도양경제권, 동북 지역 실크로드 라인: 동북 3성-한반도·러시아·환동해경제권, 북방 실크로드 라인: 네이멍구-러시아·몽골, 히말라야 라인: 창장 강-티베트-남아시아·환인도양경제권

다이아몬드 형태의 이런 구조는 중국의 뉴 노멀New Normal(경제의 변화 흐름에 따른 새로운 기준)과 관련이 있다. 중국은 동부 연해 지역의 과잉 공급된 자원 해소와 높은 임금 수준에 따른 산업 구조 조정을 시작했다. 그리하여 창장 강 삼각주를 중심으로 동부 연해 지역에 첨단 가공 지대를 마련하고 서비스업 비중을 제고하며 질적 성장을 추구하고 있다. 중국은 실제로 동부 연해 지역에 열세 개의 서비스산업을 중심으로 산업 기능을 재배치하고 있다.[4]

기존의 저렴한 노동비로 가공품을 수출하던 '세계의 공장'이라는 지위는 이제 중국의 서부, 주변국, 개발도상국으로 이전되기 시작했다. 서부 지역의 한계는 해운과 연계할 수 있는 내륙 지역의 고효율 물류 라인이었다. 이에 중국은 과잉생산 품목 소비, 시중에 풀린 자금의 효율적 활용

을 목표로 고속철도를 포함한 교통 네트워크를 확장하면서 서부 지역 공단의 인프라 환경을 함께 개선하고, 중국 동서남북의 인프라 네트워크를 효율적으로 개선하고 있다.

뉴 노멀의 시대를 맞아 중국은 2008년 세계 금융위기 이후 시장에 자금을 풀고 인프라 건설 규모도 확대했는데, 이는 내륙으로의 산업 이전 그리고 주변국을 포함한 해외 인프라 네트워크와의 연계와 그 맥을 같이 한다. 충칭의 경우[5] 일대일로를 따라 창장 강 경제 벨트의 내하운송을 중심으로 서부·남부 실크로드와 연결함으로써 유라시아를 배후지로 삼아 태평양과 인도양을 연결하는 축으로 활용한다. 중국은 충칭을 축으로 서부 지역에 첨단 가공 단지를 건설하고 창장 강 중상류 및 중앙아시아·동남아시아의 산업단지와 연계해 고효율의 물류 인프라 구축과 국제 산업 벨트, 내륙형 글로벌 가치사슬을 설계하고 있다.

국경선과 세관 경계선 해운과 국경 라인 개방 개념도

중국 내 자유무역시험구는 물류 중심지역에 위치한다. 중국은 상하이를 허브로 중국 연해지역과 내륙지역까지 중국 전반에 자유무역시험구 범위를 확장하고 있다. 자유무역시험구는 1선(국경선)과 2선(세관 통과 라인)의 중간에 위치한다. 인천공항의 출국 과정에 비유하면, 2선은 탑승수속 시 통과하는 세관 라인, 1선은 비행기를 타고 국경을 넘는 라인이다. 1선과 2선의 가운데 공간은 면세점에 해당한다. 중국은 자유무역시험구를 일대일로 연계성 거점지역과 연동시키며 세계화의 흐름을 1선 내로 끌어와 다시 2선 내로 확장하고 있다. 1선과 2선의 순서대로 개방범위를 확장하고 있다. 중국은 연계성을 통해 세계 각지의 자

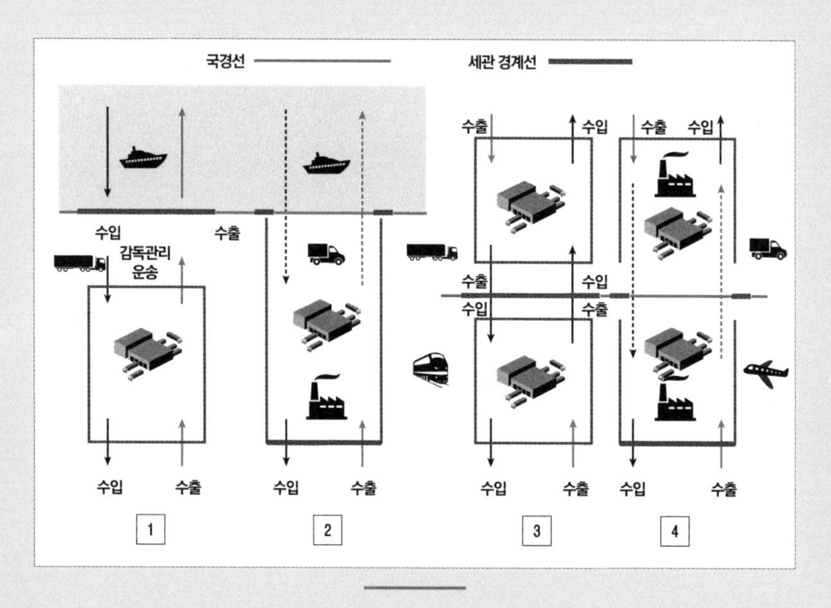

국경선(1선)과 세관 경계선(2선) 해운과 국경 라인 개방 개념도

유무역시험구 사이에 인프라를 건설해 공간 네트워크를 구축하고, 그 네트워크 위로 통관의 편리화를 실현하며 생산요소의 국제화를 이끌며, FTA를 통한 시장과 시장의 연동을 추진하면서 '공간 베이스의 세계화'를 추구한다.

그림에서 1번과 2번은 해양이나 내하 항만과 배후단지를 표시한 것이고, 3번과 4번은 내륙 국경 지역에서 도로, 철로, 항공 등을 통한 양국 배후단지(보세구, 산업단지, 공단, 드라이 포트, 버추얼 에어포트) 등을 표시한 것이다. 1번과 3번이 기존의 낮은 수준의 개방이었다면, 2번과 4번은 1선의 완전 개방과 2선을 통한 내수시장을 연계한 것이다.

중국은 이런 복합적인 국제 인프라를 주도적으로 건설하면서 2번과 4번처럼 상하이를 중심으로 한 자유무역시험구의 1선을 점진적으로 개방해 국경의 개념을 2선으로 끌어와 주변 국가의 물류 라인과 산업 벨트 그리고 중국 내 소수민족과 주변국의 문명 교류 라인을 중국 내로 유입하고 있다.[11] 중국은 특히 자유무역시험구를 활용해 1선 개방으로 TPP의 표준에 준하는 개혁을 실시해 성공한 제도는 전국으로 확산하고, 세계의 자유무역지대와 국내를 연계하는 게이트웨이를 구축하며, 1선과 2선 사이의 공간을 해외 기업 유치와 자국 기업의 해외 진출을 위한 플랫폼으로 활용한다.

중국은 1선의 점진적 개방을 통해 각종 인프라, 산업·공업 단지의 국제 환적 기능 강화와 내수시장 개방을 추진하고 있다. 또한 자유무역시험구라는 플랫폼을 통해 중국 기업의 경쟁력을 향상시켜 고효율의 국제 인프라를 통한 해외 진출을 추진하고 있다. 중국의 자유무역시험구, 국가급 신구, 종합 보세구는 해양·내하 항만, 블록 트레인, 철도, 도로, 공항 등을 통해 해외의 주요 경제·무역·산업·공업 단지와 연계되며, 나아가 국제경제회랑을 완성한다. 일대일로는 국제산업단지를 엮어 내수시장과 해외시장을 연계함과 동시에, 지역별 비교우위를 통해 새로운 글로벌 가치사슬을 구축한다.

이런 네트워크 위로 흐름을 가속화하는 것은 통관제도 개혁을 포함한 무역 편리화다. 단일 창구(통관 수속 원 스톱 처리), 전자 통관, 발송·수취 신청 지역 세관과 국제 허브 지역 세관 연계, 국제 화물 발송 거점 지역 간의 통관 일체화 등으로 통관 시간과 비용을 절약할 수 있다. 또한 인터넷을 통한 국제전자상거래 플랫폼을 구축하고 해외 직거래와 각 물류단지 내 직거래 재고 확보 창고(FBA 시스템) 등을 마련하면 물류 창고+인터넷을 활용한 '스마트 실크로드'를 구축할 수 있다.[12] 이런 국제 공간 네트워크로 유라시아·아프리카·미주 대륙까지 연결하게 된다.

중국은 이렇게 1선을 개방해 2번과 4번처럼 국제 화물의 운송·보관·조립·가공·포장·전시·수리 등을 통합하는 국제 산업 벨트를 형성하고 있다.

현대판 페이샤오퉁 개발 전략의 완성

2016년 3월 국가발전개혁위원회와 교통운수부가 비준한 '교통 인프라 중대 프로젝트 건설 3개년 행동 계획' 문서에는 2016년부터 2018년까지 중국의 국내 인프라 건설 방향과 예산이 명시돼 있다. 즉 3대 도시군인 징진지, 창장 강 삼각주, 주장 강 삼각주 지역의 철로 네트워크 건설과 창장 강 중류, 중원, 청위成渝(쓰촨-충칭), 산둥 반도 지역 등의 철로·고속도로 건설 등이 목표로 설정돼 있고, 충칭의 유럽행 블록 트레인 활성화, 정저우·시안 등 내륙 도시의 항공 허브, 드라이포트, 전자상거래 중점 도시, 혁신가공무역지대 등의 건설 계획도 명시돼 있다.[6] 또한 베이징, 상하이, 광저우 등의 대도시와 창장 강 경제 벨트 지역의 철로·도로·수로·공항 등을 건설한다는 방향도 설정돼 있다.[7]

이 행동 계획에 따르면 중국은 2016~2018년에 철로, 도로, 수로, 공항, 도시 내 철로 등 303개 건설 프로젝트에 총 4조 7000억 위안을 투자할 예정이다. 연도별로는 2016년 131개 항목에 2조 1000억 위안, 2017년 92개 항목에 1조 3000억 위안, 2018년 80개 항목에 1조 3000억 위안을 투입할 계획이다. 중국은 주로 대규모의 중앙 자금 투입을 통한 교통 인프라 건설을 실시할 예정이지만, 일부는 PPP 형태를 시범적으로 운영할 계획도 있다.[8]

중국은 이렇듯 창장 강 경제 벨트를 축으로 북으로는 징진지 협동발전 지역, 남으로는 주장 강 삼각주와 연계해 다이아몬드 형태의 메가급 허브를 완성하고, 동시에 여섯 개의 국제경제회랑을 건설함으로써 중국 자체를 허브로 삼아 동아시아 전반을 연결하는 사업을 진행하고 있다. 중국은 뉴 노멀 시대의 경제 흐름에 맞추어 연계성을 활용해 현대판 페이샤오퉁 개발 전략을 완성해 나가고 있다.

한편 중국은 2015년 4월 톈진, 푸젠 성, 광둥 성을 자유무역시험구로 추가 지정하며 항만을 통한 개방을 계속하고 있다. 상하이가 창장 강 삼각주와 창장 강 경제 벨트의 개방을 이끈다면, 톈진(징진지 협동발전), 푸젠 성(양안 경제권), 광둥 성(주장 강 삼각주)의 순으로 항만과 배후지 간의 연계를 추진해 세계화의 조건에 부합하도록 노력하고 있다. 2016년 9월에는 랴오닝, 저장, 허난, 산시, 후베이, 충칭, 쓰촨을 추가했다.[9]

새로 추가된 곳 가운데 해안 지역에 위치한 곳은 랴오닝 성과 저장 성이다. 랴오닝 성은 동북 지역 개방 확대, 저장 성은 닝보-저우산 중심의 항만 개발과 해양경제특구로서 기능한다. 충칭·쓰촨·후베이는 내륙으로서 창장 강 중상류 지역 경제권 및 서부·남방 실크로드와 연계하기 위해 지정됐다. 이외에 산시 성과 허난 성은 유럽행 TCR나 각종 블록 트레인의 시발점이자 주요 허브로서 기능할 것이다. 상하이를 중심으로 형성된 열한 개의 자유무역시험구는 1선을 점진적으로 개방하면서 주변 국가와 입체적이고 복합적인 인프라 네트워크를 통해 연결되며, 지역 내 불균형 해소와 과잉생산 해결은 물론이고 새로운 산업 벨트와 글로벌 가치사슬을 형성하는 허브 역할을 담당한다.

6대 국제 경제 벨트

일대일로 액션플랜에서는 6대 국제 경제 벨트를 신유라시아 랜드브리지, 중국-몽골-러시아, 중국-중앙아시아-서아시아, 중국-인도차이나의 내륙형 벨트와 중국-파키스탄, 방글라데시-중국-인도-미얀마의 해양(인도양) 연계 벨트로 나눈다. 이 여섯 개의 국제 경제 벨트는 선線이 아닌 네트워크(面)로 연결된다.

내륙형 벨트

우선 신유라시아 랜드브리지는 통상적으로 롄윈강-아라산커우의 TCR(중국횡단철도)를 의미하지만, 해석에 따라서는 블라디보스토크-모스크바를 경유하는 TSR(시베리아횡단철도), 다롄 혹은 잉커우營口-네이멍구 만저우리를 경유하는 TMR(만주종단철도), 톈진-얼롄하오터를 경유하는 TMGR(몽골종단철도) 그리고 충칭·이우義烏·쑤저우 등지에서 출발하는 각종 블록 트레인으로도 볼 수 있다.

중국-중앙아시아-서아시아 라인은 TCR와 바로 연결되는 구간으로, CAREC·TRACECA와 직접 연결된다. TRACECA, 중국-카자흐스탄-중앙아시아-이란-서아시아 라인의 두 개 라인을 기본 축으로 다양한 교통 인프라 라인을 구상할 수 있다. 이렇듯 6대 국제 경제 벨트는 여섯 개의 네트워크로 이해해야 한다.

중국-몽골-러시아의 대표적인 인프라는 중국 톈진-얼롄하오터-몽골 자민우드-울란바토르-수흐바타르-러시아 울란우데를 연결하는 TMGR다. 이 라인 역시 해석에 따라 중국-러시아, 중국-몽골, 중국-몽골-러시

저장 성 이우시-유럽행(런던-마드리드) 블록 트레인 라인

아 라인 등으로 확대할 수 있다. 중국-몽골 라인에서 중국 랴오닝 성 진저우錦州-네이멍구 주언가다부치珠恩嘎達布其-몽골 초이발산-러시아 보르자 구간도 완공될 경우 중국-몽골-러시아의 새로운 경제 벨트가 된다. 이외에도 동북 3성-네이멍구-신장웨이우얼 역시 중국-러시아, 중국-몽골, 중국-몽골-러시아 라인의 연계 구간이다. 베이징-동북 3성-TSR-모스크바 라인+울란바토르 지선 고속철도 건설 계획도 넓은 의미에서 볼 때 중국-몽골-러시아 경제 협력 모델이다.

중국-인도차이나 반도는 ASEAN+중국과 중국+남아시아의 연계성을 의미한다. 이 라인은 GMS(메콩강유역경제협력체)를 중심으로 한 중국-ASEAN 연결, 중국-미얀마 라인을 통한 BIMSTEC(벵골만기술경제협력체)으로 볼 수 있다. 중국-인도차이나 반도는 2016년 10월 인도 고아에서 개최된 BRICs+BIMSTEC 합동 회의의 예[13]처럼 BIMSTEC을 축으로 좌로는 SAARC(남아시아지역협력연합), 우로는 ASEAN을 두 날개로 하여 BRICs 국가와 협력하고 있다.

해양 연계 벨트

중국-파키스탄은 그 노선이 분명하지만 점과 점보다는 면과 면의 연결 성격이 더 강하다. 시진핑은 2015년 4월 파키스탄을 방문해 중국·파키스탄 관계를 전략적 협력 동반자 관계로 격상하고 50개가 넘는 양자 협력 문건에 서명했다.[14]

중국-파키스탄 경제회랑은 중국의 유라시아·인도양·아프리카를 연계하는 요충지다. 시진핑의 파키스탄 방문 이후 양국은 '1+4' 협력 모델을 채택했다. 1은 중국-파키스탄 경제회랑 건설을 의미하고 4는 과다르 항, 에너지, 인프라 건설, 산업 협력을 의미한다. 2016년 1월 파키스탄과 중국 정부는 중국-파키스탄 경제회랑건설지도위원회를 설립해 양국 간 경제회랑 건설에 적극 나서고 있다. 중국은 카스-훙치라푸 통상구-과다르 항 혹은 카라치 항-인도양 지역에 철로·도로·파이프라인·전력·산업단지를 2025~2030년 완공 목표로 건설하고 있다.[15]

중국-파키스탄 경제회랑은 전략적 의미가 크다. 먼저 파키스탄은 중앙아시아와 중동, 남아시아와 연결되고 인도양을 마주하기 때문에 중국은 이 경제회랑을 통해 걸프 만-믈라카 해협-남중국해-중국 물류 라인에 대한 의존도를 낮출 수 있다. 유라시아 개발 전략과 관련해서도 의미가 크다. 미국은 2011년 실크로드전략법안, 일본은 ADB를 통해 2020년을 완공 목표로 CAREC를 진행하고 있다. 미국은 인도와의 관계를 중시하고 일본은 파키스탄-중앙아시아 노선을 중시했는데, 중국이 파키스탄과의 협력 관계를 강화하면서 인도양으로의 진출을 확대해 틈새시장을 공략한 셈이 됐다. 중국은 이를 지렛대로 삼아 환인도양경제권, 나아가 아프리카와의 연계도 본격화할 것으로 보인다. 여기에 2017년에는 SCO에 인도와 파키스탄이 정식 회원국으로 참여할 것으로 보여 중국-파키스탄을 축으로 중국-러시아-인도-파키스탄과 옵서버 혹은 대화 대상국인 이란-터키까지 연계하며 유라시아 네트워크의 판이 확대될 것으로 보인다.

방글라데시-중국-미얀마-인도 경제회랑은 중국-파키스탄 경제회랑과는 별개로 중국의 인도양 진출 회랑이자 환인도양경제권의 중국 내수 시장 진출 루트다. 이 경제회랑은 윈난 성-미얀마, 윈난 성 혹은 티베트西藏-인도, 윈난 성-인도-방글라데시 등 더 다양한 공간 라인을 포함한다. 이는 궁극적으로 중국-인도차이나 반도 경제회랑과 중국-파키스탄 경제회랑의 중간 지대에 위치해 상호 연계성을 추진하는 방향으로 설정돼 있다. 중국이 티베트를 중심으로 티베트 원형 경제 벨트Economic Rim[16]를 형성할 경우 방글라데시, 인도, 미얀마뿐 아니라 부탄과 네팔과의 연계를 추진해 이를 축으로 태평양과 인도양을 연계하는 인프라 건설을 추진하고 각종 무역, 산업, 관광 분야에 걸친 산업 벨트를 구축할 수 있을 것으로 보인다. 특히 인도와 러시아의 우호적인 관계를 고려했을 때 양국 관계를 통해 이 지역과 BRICs 국가와의 연계도 종합적으로 고려될 수 있다.

여섯 개의 경제회랑을 종합해보면 중국 주변의 환동해경제권, 중국 연해, 남중국해, 남태평양, 인도양, 걸프 만, 지중해, 발트 해 전반을 연결하는 글로벌한 네트워크라고 할 수 있다. 이로써 중국은 파키스탄(인더스 강 라인+인도양), 러시아 프리볼시스키(볼가 강-돈 강+지중해-발트 해), 러시아 극동 지역(아무르 강 라인+동해), ASEAN(메콩 강 라인+남태평양), 미얀마(에야와디 강+인도양), 중국-인도-방글라데시(브라마푸트라 강-갠지스 강-자무나 강+인도양) 등의 내륙운송+내하운송+해상운송을 복합적으로 연계할 수 있는 공간을 활용하게 됐다. 중국은 중국을 중심으로 동아시아 경제권을 형성하고 효율적인 국제 인프라를 토대로 유럽, 아프리카, 미주 대륙을 연계하는 전략을 구상하고 있다.

미국엔 위기, 중국엔 기회다

저는 큰 장벽을 건설할 것입니다. 누구도 저보다 잘 건설할 수 없을 것입니다. 저는 큰 장벽을 우리의 남부 국경에 건설할 것입니다. 멕시코가 그 비용을 지불하게끔 할 것입니다.

- 도널드 트럼프, 2015년 6월, 대선 후보 연설[17]

일대일로는 개방돼 있습니다. 일대일로는 아프리카와 유라시아를 관통하는 광활한 '모멘트(중국 SNS Wechat)'입니다. 관심 있는 모든 국가는 일대일로 '모멘트'에 친구로 추가 가능합니다.

- 시진핑, 2015년 10월 21일, 영국[18]

강대국의 조건에서 필수불가결한 요소는 관용이다. 관용은 타인의 존재를 인정하고 배려하는 것이다. 강대국은 세계 주요 국가와 관계를 맺으며 네트워크를 형성하면서 강대국으로서의 모습을 유지한다. 관용을 중시하는 강대국은 상대국을 인정하고 문을 열어 인프라를 건설하고, 관용을 무시하는 강대국은 문을 닫고 장벽을 쌓으며 순수 혈통을 강조한다. 역사적으로 전자는 로마였고, 후자는 스파르타였다. 트럼프는 미국-멕시코 국경에 장벽을 쌓겠다고 발언했고, 시진핑은 일대일로를 건설하겠다고 강조했다. 미국엔 위기, 중국엔 기회다.

만리장성 쌓는 트럼프, 길을 여는 시진핑

트럼프의 대선 공약 중 가장 중요한 부분은 미국의 보호무역주의 강화다. 트럼프는 TPP(환태평양경제동반자협정) 폐지를 공약하고, NAFTA까지 탈퇴해야 한다고 발언하면서 보호무역주의 노선을 강화했다. TPP는 2015년 11월 12개국 간에 체결되어 2016년 각 당사국 국회 비준이 남은 상황에서 트럼프의 당선으로 사실상 폐기됐다.[19] 트럼프의 대통령 당선에 따른 불확실성의 확대와 더불어 인도·이란·터키·필리핀·미얀마 등이 대미 의존도를 낮추고 유라시아 대륙 내 균형 전략을 구사하게 됐고, 유럽연합에서 미국과 유럽연합의 교두보 역할을 하던 영국이 EU 탈퇴가 결정되었다. 미국의 대외환경이 좋지만은 않은 상황이다.

또한 미국의 에너지 자원 자급자족 강화는 중국의 일대일로 전략 추진에 윤활유가 되었다. 미국은 2012년부터 셰일가스 개발로 에너지 수출국이 되면서 대중동 에너지자원 의존도가 낮아졌다. 중동 지역은 에너지 자원 가격 하락에 직면했고, 중국과 유럽연합 같은 새로운 시장으로 눈을 돌려야 했다. 물은 높은 곳에서 낮은 곳으로 흐르지만, 오일은 공급지에서 수요가 높은 시장으로 흐른다. 트럼프의 보호무역주의와 미국이 직면한 대외 환경 변화는 일대일로의 동력이 됐다.

트럼프는 일본과 유럽의 안보무임승차론을 비판했고, 특히 러시아의 세력 확장 국면에서 발트 해 국가의 무임승차를 반대했다.[20] 시진핑이 몽골 울란바토르를 방문해 경제발전 중인 중국이라는 기차에 승차하라는 발언과 대조된다.[21] 이에 더해 한·미, 미·일 군사동맹, 미국-ASEAN 안보 분야 협력 역시도 향후 미국의 정책 예측이 어려워지면서 아시아 회귀 전략 전반의 균열이 예상된다. 트럼프의 미국은 보호무역주의와 미국우선주의로 선회하게 된 것이다.

오바마와 힐러리가 2011년부터 안보·경제 분야에서 종합하여 설계한 글로벌 체인이 트럼프의 당선으로 느슨해지면서 기회를 얻은 것은 물론 러시아와 중국이다. 러시아로서도 트럼프의 등장으로 기존의 유럽-실크로드-아시아 회귀 전략에 걸친 대러시아 견제 체인이 느슨해졌고 경제제재 완화도 기대하게 됐다.

트럼프의 등장은 일대일로의 기회다. 일대일로는 TPP의 높은 표준화의 글로벌 가치사슬에 대비하는 면도 있었는데, 트럼프의 등장으로 사실상 폐기됐다. 시진핑은 영국[22]과 라틴아메리카[23]에까지 일대일로 구상을 확장했다. 트럼프의 미국우선주의로 세계의 불확실성이 커지면서 중국의 활동 범위가 더 넓어졌다. 미국의 지정학적 체인이 느슨해진 틈으로 일대일로가 확장될 수 있게 된 것이다. 중국과 러시아의 기회 확장은 곧 SCO의 연계성으로 이어진다.

유라시아 버전의 일대일로

SCO는 중국·러시아·카자흐스탄·키르기스스탄·타지키스탄·우즈베키스탄이 정회원국이다. 2016년 현재 옵서버국으로 인도·파키스탄·이란·아프가니스탄·몽골이 참여 중이며, 대화 파트너국으로는 터키·벨로루시·스리랑카가 있다. 옵서버국 중 인도·파키스탄·이란 등이 정회원국이 되기 위해 신청한 상황이며, 이 중 인도와 파키스탄이 정회원국이 될 전망이다. SCO는 비전통 안보 분야의 협력을 강화(삼고세력의 활동 차단)함과 동시에 인프라 건설을 통한 연계성을 강화해 문명 교류의 폭을 넓히고 있다. 인도와 파키스탄이 정회원국이 될 경우 SCO 내에 BRICs 국가 중 중국·러시아·인도 3개국이 포함되며, BRICs 은행을 AIIB와 연계한 금융·융자 플랫폼으로 삼아 브라질·남아프리카공화국과의 연계도 가능하다. 중국은 SCO와 ASEAN+중국을 통해 유리하게 유라시아 개발을 주도하고 있다.

유라시아에서는 크게 두 개의 남북 국제경제회랑과 세 개의 동서 국제경제회랑으로 구분돼 향후 인프라 건설과 개발이 진행될 것이다. 남북 국제경제회랑은 ①중국-몽골-러시아(TMGR·TMR)-ASEAN+중국 라인, ②발트 해-볼가 강 유역-카스피 해·중앙아시아·캅카스-이란 반다르아바스-인도 뭄바이-싱가포르 라인이다.[24] 동서 국제경제회랑은 ①모스크바-블라디보스토크 TSR, ②TCR+CAREC·TSR·이란 경유 서아시아 라인, ③범아시아철로(ASEAN+남아시아+이란+터키) 라인이다.

중국은 이에 더해 창장 강 경제 벨트 중상류 지대와 헤이룽 강 유역의 헤이룽장 성을 거점으로 각각 TCR와 TSR를 통해 볼가 강 유역의 프리볼시스키 사마라 공단과 연계한다. 그중 창장 강-태평양 라인과 볼가 강-지중해·발트 해 라인은 유라시아 전역을 관통하는 골간 역할을 담당할 것으로 보인다. 2015년 3월에 발표된 일대일로 액션플랜에도 프리볼시스키 지역과 창장 강 중상류 지역 간 연계 내용이 명시돼 있다.[25] 이를 통해 동아시아 경제권과 유럽 경제권을 양 기둥으로 삼는 유라시아 버전 일대일로가 건설될 것으로 보인다.

화룡점정은 해협과 운하 개발

일대일로 전략은 차항출해와 차항입륙으로 요약할 수 있다. 세계 전체 무역의 약 90퍼센트가 해운운송으로 이루어진다는 것을 감안하면 일대일로의 핵심은 해운과 연결되는 연계성이라고 할 수 있다. 미국이 각 대양에 위치한 섬을 중심으로 해양력을 유지한다면, 중국은 지역별 주요 항만이나 운하에 투자해 무역로를 확보하는 데 집중한다.

중국은 스리랑카 함반토타 항을 2012년 6월 중국의 차관과 기술 원조로 완공해 운영하기 시작했으며, 콜롬보 항구도시 건설 프로젝트도 진행하고 있다. 중국은 인도양으로 진출하기 위해서 이란·파키스탄·인도·방글라데시·미얀마·태국 등을 중심으로 국내와 연계해 차항출해 전략을 진행하고, 스리랑카의 항만을 거점으로 삼아 아프리카-중동-남중국해-남태평양을 잇는 인도양 해운 네트워크를 구축하고 있다. 또한 중국은 차항입륙 전략으로 지부티 지부티 항, 예멘 아덴·모카 항, 케냐 라무 항, 탄자니아 바가모요 항을 개발해 아프리카에 진출하고 있다.

2008년에는 미국발 금융위기 확대로 그리스 경제가 타격을 받아 민영화된 그리스 피레우스 항 2·3호 부두의 특허경영권도 획득했으며, 2015년에는 COSCO가 매각 경쟁에 참여해 중국의 유럽 진출 거점을 마련했다. 같은 해 3월에는 이스라엘 하이파 항의 부두운영권을 25년간 획득해 중동 지역 진출의 거점을 마련했다.[26] 앞으로 일대일로 공동 건설 프로젝트가 APEC의 연계성 발전 전략을 적극적으로 받아들여 아메리카 대륙에서까지 본격적으로 진행된다면 남미대륙을 중심으로 하는 항만 개발 사업에도 중국이 적극 참여하게 될 것으로 보인다.

일대일로 공동 건설의 화룡점정은 운하와 해협 건설이다. 지중해와 인도양을 연결하는 수에즈 운하, 인도양과 태평양을 연결하는 믈라카 해협과 크라 운하, 태평양과 대서양을 연결하는 파나마 운하와 니카라과 운하 등이 대표적인 예다. 중국은 국영기업이나 홍콩계 기업을 통해 수에즈 운하와 니카라과 운하 보수와 개발에 적극적으로 나선다. 현재 건설 중인 니카라과 운하는 동서 방향으로 건설되고 있으며 중간에 호수를 경유하게 돼 있어 그 수심과 폭이 파나마 운하보다 깊고 넓어 선박의 대형화 추세에 부합할 것으로 예상된다.[27]

중국은 오대양을 연계하기 위해 더 효율적인 해협과 운하 개발은 물론이고, 이와 직접 연계 가능한 항만 개발에도 적극적으로 참여해 고효율의 물류 네트워크를 구축하기 시작했다. 중국의 적극적인 남미 진출과 태평양-대서양을 연결하는 공간 개발 참여는 이런 일대일로 공간 개발 프로젝트의 화룡점정이 될 것이다. 여기에 중국이 북극해 항로 탐사의 폭을 넓히는 것도 앞으로 새로운 항로를 개발하기 위한 것이며, 러시아의 북극해 주변 개발 참여 가능성도 눈여겨볼 부분이다.

우리에게 일대일로란?

변방이 중심되는 동북아시아 네트워크

2장

북방경제가 부활하고 있다

일대일로는 우리에게 시간, 공간 그리고 인간에서 '사이(間)'의 재해석을 요구한다. 그 사이를 관통하는 것은 길(道)이다. 정조 4년(1780) 연암 박지원은 조선 사신단의 일원으로 청나라를 방문했다. 박지원이 압록강을 건너며 수역 홍명복에게 묻는다. "그대, 길을 아는가[君知道乎]"[28]

일대일로는 길이다. 서로 다른 경제체와 문명이 인프라를 통해 연결되고 그 위로 다양한 산업과 문명의 생태계를 꽃피운다. 박지원이 압록강을 넘을 때처럼, 그리고 북학파인 그가 직면했던 당시처럼 현대의 우리는 중국의 일대일로를 마주하고 있다. 우리에게 일대일로는 과연 어떤 의미일까?

우리의 해양은 태평양이고 배후지는 유라시아다

중국의 일대일로 전략은 한국에 단기적으로는 위기이고, 장기적으로는 기회가 될 것이다. 한국은 부산항과 인천공항 같은 세계적인 교통 인프라를 국제 환적 허브로 운영하고 있지만, 내수시장을 앞세운 중국의 항만, 공항에 물동량 순위에서 점차 밀리고 있다. 중국이 소프트웨어 분야 개선과 더불어 효율적인 국내외 인프라 건설, 항선과 노선 개발, 국내 노선 다양화를 진행한다면 동북아시아 내 한국의 국제 환적 허브로서의 지위 유지는 어려워질 수 있다. 장기적으로 일대일로는 한국의 전략적 접근 방향에 따라 기회의 폭이 크게 달라질 수 있다.

한국의 해양은 태평양이고 배후지는 유라시아 대륙이다. 한국이 반도국가로서의 지정학적 지위를 확보하는 과정에서 대륙 세력과 해양 세력 간의 교량 역할을 할 수 있다면 일대일로는 한국에 내륙과 해양에서 더 큰 공간을 제공해줄 것이다. 또한 일대일로 전략 속에서 중견 국가로서의 한국의 역할을 강화할 수 있다.

한국은 일대일로 구상 속의 유라시아, 아프리카, 미주, 오세아니아 등의 지역 개발에서 AIIB와 ADB 회원국으로서의 역할을 더 강화하고 BRICs 은행에 참여해 금융 협력을 강화하는 한편, 글로벌 경제권 내 균형 국가로서 각 지역경제협력체에서의 역할을 강화할 필요가 있다. 한국은 일대일로에 적극적으로 참여하되, 미·일과의 협력 구도를 유지해야 하며, 국제 개발 공조 속에서 역내 국가와의 협력을 통해 에너지 자원 공급원, 상품 및 서비스 시장, 물류라인 등의 다원화를 실현해야 한다. 이러한 공간 베이스의 세계화 시대에 한국은 한국판 정책소통 플랫폼, 금융·융자 플랫폼, 공간 네트워크 플랫폼을 마련해 정부·기업·가계의 다양한 국제 활동을 진행할 전략을 마련해야 한다.

우리의 미래 시장, 북방경제

북방경제는 한반도 이북의 유라시아 경제권이자 한국과 직접 연계 가능한 미래 시장이다. 중국이 금융·융자 플랫폼을 활용해 국내외 개발을 연계하면서 북방경제가 부활하고 있다. 북방경제의 범위는 중국의 동북 3성·네이멍구·징진지, 러시아 연해주, 몽골, 북한으로 볼 수 있다. 일본 주도의 ADB가 남태평양·동남아시아·남아시아·중앙아시아에까지 지역 개발 계획 프로그램을 진행하고 있지만, 북방경제에는 2016년 현재까지 정치적 이유로 참여하지 않고 있다. 그러나 동북진흥, 중·러 경협 강화 그리고 중국의 일대일로 추진은 북방경제 부활의 동력이다.

중국은 랴오닝 성 내 선양瀋陽 경제권, 랴오닝 성 연해 벨트, 지린 성 내 창지투長吉圖(창춘-지린-두만강 일대) 시범구, 헤이룽장 성 내 하다치哈大齊(하얼빈-다칭-치치하얼) 공업회랑, 하무쑤이둥哈牡綏東(하얼빈-무단장-쑤이펀허-둥닝) 경제회랑, 동네이멍구 지역까지 동북진흥의 범위로 삼으며 북방경제를 구축하고 있다. 동북진흥에서 해양 항만 활용 방안은 랴오닝 성 연해 벨트(환황해경제권)와 러시아 극동 항만이나 북한 나진항을 연계하는 환동해경제권으로 연결된다.

중국은 일대일로를 통한 동북 지역 개발을 크게 네 가지 방향으로 진행할 것이라고 공개했다. 첫째는 네이멍구 얼렌하오터를 통한 '중국-몽골-러시아 경제회랑' 건설이고, 둘째는 네이멍구 만저우리와 헤이룽장 성의 철도 네트워크 개발을 통한 'TSR와의 연계'이며, 셋째는 동북 3성과 러시아 극동 항만을 연계한 '환동해경제권 편입'이고, 넷째는 '베이징-모스크바 유라시아 고속운송회랑' 추진이다.

북방경제 개발 계획의 주요 내용을 분석해보면 먼저 환황해경제권과 환동해경제권을 두 날개로 삼는다. 구체적으로 서쪽으로는 동북 3성과 랴오닝 성 경제 벨트, 환발해경제권 등이 한반도와 연계되며 환황해경제권을 형성한다. 동쪽으로는 동북 3성과 러시아 극동 지역 그리고 북한 나선특별시가 연결되면서 중국의 환동해경제권 편입이 본격화될 것으로 보인다. 동북 3성 내에서는 다롄-선양-창춘-하얼빈 라인이 중심축 역할을 맡고, 다롄은 랴오닝 성 경제 벨트 허브, 선양은 선양 경제권, 창춘은 창지투 개발시범구, 하얼빈은 하다치 공업회랑-하무쑤이둥 경제벨트의 중심 허브를 담당하면서 동북 3성 전반을 연결한다. 하얼빈은 중국과 러시아 간 협력에서 중심 역할을 맡아 헤이룽장 성과 러시아의 철로 연계에 중요 축이 될 것이다.[29] 또한 동북 3성 내 다롄 진푸金普, 하얼빈, 창춘(창춘-지린 일체화) 등의 국가급 신구, 선양의 중국-독일 첨단장비 제조 산업단지, 훈춘 국제협력시범지역, 중국·남북한·러시아·일본·몽골 무역협력단지 그리고 2016년에 새로 지정된 랴오닝 성 자유무역시험구 등은 관련 지역 내 보세구, 공업·산업·물류 단지, 전자상거래종합시험구 등을 종합하며 북방경제의 산업 벨트를 구축하고 있다.[30]

중국은 산업 공간 배치에 맞춰 본격적으로 동북 지역에 고속철도를 건설하며 점조직처럼 흩어져 있던 동북 3성 내 도시를 네트워크형 단일 경제권으로 연결하고 있다. 현재 다롄-선양-창춘-하얼빈 고속철도 라인을 기본으로 베이징-선양 라인을 연결해 징진지와 잇고, 창춘-훈춘 고속철도를 완공해 환동해경제권과 연계하기 위해 준비하고 있다. 일대일로 액션플랜에서 언급한 베이징-동북 3성-모스크바 고속철도(약 7000킬로미터)를 건설하기 위해 중·러 간 MOU를 체결하고 관련 지리 조사에 들어갔다.[31] 북방경제권 내 고속철도 건설은 궁극적으로 러시아의 베링 해협을 건너 아메리카 대륙 알래스카에 이르기까지 고려한 계획이라는 설도 있어 헤이룽장 성 개발은 유라시아 전반의 장기적 개발을 위한 포석으로 해석할 수도 있다.[32] 요컨대 북방경제는 유라시아 해륙 복합 네트워크로 건설되고 있다.

북방경제, 환한반도경제권과 만나다

북방경제는 환동해경제권을 경유해 중국 동부 연해까지 이르러 환한반도경제권과 만난다. 동북 3성은 러시아와 북한이 가로막고 있어 동해 진출이 불가능한데, 차항출해 전략으로 환동해경제권과 연결하고 있다. 중국은 북·러와의 연계성을 추진하며 중외중中外中 물류 라인을 제도적으로 지원한다. 중외중 물류 라인이란 동북 3성(中)-러시아나 북한 항만(外)-중국 남방 지역(中)의 물류 라인에서 외국을 경유하지만 내수 물류로 인정해주는 중국 세관의 정책이다.[33] 중국 세관은 2010년 12월 중외중 단방향(북→남) 내수 물류를 비준하며 동북 지역-상하이·닝보 방향으로 석탄에 한해 내수 물류로 인정하는 정책을 발표했다.[34] 또한 2014년 2월 중외중 물류 라인의 내수 물류 인정 품목과 목적항의 범위를 넓히고,

기존의 단방향(북→남)에서 양방향(북↔남)으로 확대했다. 목적항은 상하이, 닝보, 취안저우, 산터우, 광저우 황푸, 하이난다오 양푸洋浦 항까지 확대됐다.[35] 북방경제의 부활은 환황해경제권과 환동해경제권을 엮으며 환한반도경제권까지 형성하고 있다.

—

한국의 동북아시아 균형 전략을 위한 제안

베이징-광저우 고속철도의 길이는 2294킬로미터이며, 이동 시간은 여덟 시간이다. 베이징-광저우 라인은 2016년 현재 세계에서 가장 긴 고속철도다. 한국은 전국의 도시가 모두 서울을 중심으로 인프라가 구축돼 있어 서울을 제외한 도시 간 연결 인프라가 부족하다. 서울-부산 간 KTX 길이는 445킬로미터, 소요 시간은 2시간 40분, 목포-부산 간 고속도로 길이는 330킬로미터, 소요 시간은 4시간 50분이다.

연계성이란 인프라 건설, 제도 개혁, 민간 교류를 통한 단일 경제권 형성 전략이며, 일대일로의 핵심 내용이다. 우리는 한국에서 일대일로의 국내외 범위를 보며 먼 이야기를 하지만, 사실 우리 주변에 연계성을 대입해보면 해결해야 할 과제가 많다.

하나, 다자개발은행을 설립하라

중국과 일본은 PPP(정부-기업 민관 협력 프로젝트)를 활용한 다양한 해외 개발과 원조 메커니즘을 구축하고 있다. 한국은 ADB와 AIIB에 회원국으로 참여하고 있지만 자국 주도의 다자개발은행이 없는 상황이며, 정부기관이나 국책은행, 기업까지 망라한 종합적인 해외 진출 전략이 주변 국가에 비해 부족한 편이다.

주목할 점은 ADB건 AIIB건 유라시아 지역 개발에서 IBRD를 포함한 다른 지역 다자개발은행이나 펀드와 함께 협력하여 인프라를 건설하고 있고, 그 건설 방향과 참여 건설사에 채택 시 자국에 유리한 환경을 조성한다는 것이다. 시진핑도 AIIB 설립을 제안할 때 AIIB 이외의 다자개발은행과 협력하겠다고 발언했다.[36] 한국 역시 ADB나 AIIB에 참여하고 있지만, 한국 주도의 다자개발은행을 설립해 AIIB 및 ADB와의 협력을 통한 한국식 금융·융자 플랫폼을 준비할 필요가 있다.

한국은 1998년 IMF 사태 이후 NEADB(동북아시아개발은행) 구상을 연구한 적이 있으며, 2014년 3월 독일 드레스덴에서 NEADB 설립을 제안하기도 했다.[37] NEADB 구상은 북한, 동북 3성, 러시아 극동 지역, 몽골 등을 범위로 한 다자개발은행 설립을 말한다.[38] 김용 IBRD 총재,[39] 진리췬金立群 AIIB 총재[40]도 각각 NEADB 구상을 지지했기 때문에 NEADB를 통한 한국 주도의 북방경제 개발 프로젝트가 가능하다는 것을 알 수 있다. 한국도 중국이나 일본처럼 자국 주도의 다자개발은행, 발전기금, ODI·ODA 등을 종합한 금융·융자 플랫폼을 좀 더 개선해 한국 내 대기업·중소기업의 해외 진출을 위한 플랫폼을 건설해야 한다.

둘, 동북아시아 내 거버넌스를 확립하라

다음은 동북아시아 내 거버넌스의 확립이다. 일대일로의 글로벌 환경 속에 동북아시아에서의 거버넌스는 GTI(광역두만강개발계획), 6자회담, 4자회담 등이 있다. GTI의 범위는 북방경제 지역과 환동해경제권이다.[41] 일대일로와 GTI 간의 연계는 환동해경제권 개발의 전환점이 될 것이다. GTI 사업은 ADB 불참으로 난관이 있었으나 일대일로가 중국 동북 지역을 포함한 북방경제를 뒷받침한다면 GTI 관련 사업 역시 탄력을 받을 것이다. 관련 지역은 특히 중·러 경협의 중요 공간으로서 BRICs 은행 역시 개발 참여가 가능할 것으로 보인다. 최근 일본 역시 러시아 극동 지역의 투자와 개발에 관심을 갖고 사할린 섬을 활용한 북방경제와의 연계를 고려하고 있는데, 개발 경쟁까지 형성될 조짐이 보인다.[42]

일대일로와 GTI 간의 연계가 이루어질 경우 한국은 NEADB 설립 범위를 북방경제, 환동해경제권, 환황해경제권 등 환한반도경제권으로 확장해 해양경제와 대륙경제의 연계를 실시해야 한다.

북핵 문제 해결을 위해서는 4자회담과 6자회담을 병행해 동북아시아 거버넌스를 확립해야 한다. 4자회담은 남한, 북한, 미국, 중국이 한반도 문제를 놓고 대화를 진행할 외교 플랫폼이다. 기존에는 일본과 러시아가 참여하면서 한반도 비핵화, 대북 제재 혹은 대북 지원 등의 문제에 대해 협상의 맥을 유지하기 어려웠다. 따라서 4자회담을 통해 남북문제 외에 미국과 중국의 갈등까지 논의하는 거버넌스를 운영해야 한다.[43] 4자회담 내용을 토대로 다시 6자회담을 진행해 한반도 비핵화, 동북아시아 정

압록강 단동철교

세 안정화, 동북아시아 연계성을 위한 거버넌스를 수립해야 한다. 기존의 6자회담은 북핵 문제를 해결하기 위한 다자회담이었지만, 6자회담의 기능을 확장해 지역협력체로 활용해야 한다.

셋, 서울 중심에서 각 변방을 연계하는 구조로 바꿔라

한국은 지정학적 장점을 활용해 동북아시아 공간 네트워크를 설계해야 한다. 먼저 국내의 인프라 네트워크를 서울 중심에서 각 변방을 연계하는 구조로 바꿀 필요가 있다. 북동쪽으로는 인천·김포, 북서쪽으로는 강원도 강릉·속초, 남동쪽으로는 목포, 남서쪽으로는 부산을 각 지역의 꼭지로 삼아 각 변邊의 항구도시를 연계해 고속철도와 고속도로를 구축하고 각 항구도시와 연계 가능한 내륙 도시를 배후지로 삼는 인프라 구조를 완성해야 한다.

또한 국제 환적항 비중이 높은 부산항을 중심으로 환동해 경제 벨트와 남해안 경제 벨트를 연계하고, 부산항의 낙동강 유역에 친환경산업 벨트를 구축하며, 복합적인 인프라 구조를 확충해 서울-부산 간 산업 핵심 라인을 완성해야 한다. 부산을 중심으로 한 낙동강 항만 클러스터 개발과 기능에 따른 산업 배치, 낙동강 항만 클러스터에서 남해안 경제 벨트, 환동해 경제 벨트, 환황해 경제 벨트를 종합하는 인프라를 개선하고, 한국 주요 내륙 도시의 배후지 개발과 상호 인프라 개발을 진행해 한국 전체의 인프라 네트워크를 재배치해야 한다. 그런 다음 지리적 조건에 맞춘 산업 배치를 통한 주거 환경 개선을 실현해 지역 균형 발전의 토대를 마련해야 한다. 또한 제주도를 한·중·일의 생태관광 중심지로 개발해야 한다.

이러한 전국 단위의 인프라 건설과 산업 벨트를 바탕으로 지방자치제를 강화해 중앙세와 지방세의 비율을 6:4 이상의 비율로 확장하며 지방외교의 동력을 마련해야 한다. 이를 통해 항만과 내륙 도시(배후지)를 연계하고 고효율의 물류 시스템을 확보하며 환황해·환동해·북방 경제를 연계하는 동북아시아 허브 공간을 디자인해야 한다.

넷, 삼각축 해양 네트워크를 설계하라[44]

한국은 환황해경제권과 환동해경제권 개발에 좀 더 적극적으로 참여하고, 멀티 FTA의 혜택을 바탕으로 삼각축 해양 네트워크를 구축해야 한다. 한국은 미국·유럽연합·중국 등 세계 주요 경제권과 FTA를 체결한 멀티 FTA 국가로서 다양한 자유무역지대를 활용할 수 있다. FTA의 품목으로 인정받기 위해서는 원산지 규정에 맞춰 상품 내 일정 퍼센트 이상이 해당 국가 내에서 생산된 품목이어야 하는데, 만약 중국 기업이 한국에 법인을 세워 '메이드 인 코리아' 상품을 생산하고 한미 FTA의 요구에 맞는 원산지 규정을 실현할 수 있다면 미국 시장으로 한미 FTA의 혜택을 받으며 진출할 수 있다. 부산은 물질적 인프라와 소프트웨어가 발전한 국제 환적항으로서 부산신항과 그 뒤의 낙동강 경제 벨트 지역을 가공단지로 하여 해외 투자를 받을 수 있다면 동북아시아 허브항으로서의 기능을 더 강화할 수 있을 것이다. 이는 FTA와 공간의 개념을 합친 자유무역지대의 활용을 의미한다.

부산항을 허브로 삼는 남해안 경제 벨트는 동쪽으로 환동해 경제 벨트, 서쪽으로 환황해 경제 벨트가 양 날개를 펼치고 있어 부산항을 중심으로 한반도를 축으로 한 동북아시아 버전의 일체양익 구조 개발이 가능해진다. 동북아시아의 일체양익은 부산으로 연계돼 허브 앤드 스포크hub & spoke* 네트워크 형태로서 부산항은 허브항이 되고 북방경제와 한반도의 양쪽 날개에 해당하는 항만 클러스터는 피더항feeder port** 이 된다. 이를 통해 환황해경제권과 환동해경제권이 부산을 중심으로 엮이고 부산에 모인 화물은 일본을 포함한 환태평양으로 해양운송이 가능해지는데, 이를 통해 한국은 물류상으로 해양 세력과 대륙 세력 간의 교량 역할이 가능해진다. 이 모델이 삼각축 해양 네트워크다.

***허브 앤드 스포크**
각 지점에서 발생되는 물량을 중심이 되는 한 거점(허브)에 집중시킨 후, 각각의 지점(스포크)으로 다시 분류하여 이동시키는 시스템

****피더항**
대형 컨테이너선박이 기항하는 중추항만과 인근 중소형 항만 간에 컨테이너를 수송하는 중소형 컨테이너선박을 피더선이라 하고, 이러한 피더선이 기항하는 보조 항만을 말한다.

삼각축 해양 네트워크란 환황해경제권과 환동해경제권을 부산에 집중시키는 것이다. 이 개념은 말 그대로 '축軸'인데, 삼각형 모양의 큰 틀을 중심으로 한반도의 모든 항구도시를 동북아시아 주변국의 항만과 연계하고 지역별 혹은 국가별 비교우위를 종합하여 1선까지 개방한 산업 벨트, 동북아시아 가치사슬을 형성하는 것을 의미한다.

여기에는 북한도 포함된다. 남북해운합의서를 법리적 근거로 활용해 남북 간의 해운·항만 교류를 늘려 삼각축 해양 네트워크라는 큰 틀 내에

서 해운 교류와 임항 배후단지를 활용해야 한다. 즉 북한의 저렴한 인건비, 풍부한 지하자원, 지경학적 장점과 남한의 기술력, 자본 운영 능력, 금융 플랫폼을 결합해 한반도 산업 벨트를 구성하고 북방경제, 환황해경제권, 환동해경제권, 창장 강 경제 벨트, 환태평양경제권을 종합하는 물류 시스템을 구성해야 한다. 궁극적으로 한반도 전체가 동·서·남 3면의 바다를 둘러싸는 인프라를 구축하고 산업을 배치하며 항만과 배후단지 간의 연계를 통해 한반도 단일 경제권을 형성해야 한다.

또한 북한과 중국 혹은 북한·중국·러시아 접경 지역의 압록강경제권과 두만강경제권에 한국이 직접 투자해 인프라와 공단을 건설하면 한중 FTA를 기반으로 북한과 중국 국경 지역 산업단지를 통해 중국 내수시장에 진출할 수 있다. 예를 들어 단둥의 신압록강대교를 건너 신의주와 직접 연결되는 단둥과 신의주 관련 지역을 국경 지대 자유무역시험구로 활용해 훈춘-핫산-나선특별시 연계 산업 벨트를 건설하면 해운을 통해 부산과 연결할 수 있다. NEADB을 통해 ADB, AIIB 등의 참여를 이끌어내 주변국의 투자를 끌어들여 한국 주도형 컨소시엄을 환한반도경제권에서 진행할 수 있다.

"그대 길을 아는가"

황무지에 물이 흐르면 비옥해진 토지 위로 생태계가 발생한다. 국경을 가로지르는 역사 속의 실크로드 위로 자본이 흐르면 인프라가 건설되고 그 인프라 위로 다양한 문명이 교류하는 공간이 발생한다. 그 위로 산업과 문명의 생태계가 싹을 틔운다. 오랜 시간 동안 미국·유럽연합·일본·중국·러시아 등 바둑 고수의 손을 따라 네트워크를 그려보았다. 우리는 다양한 문화를 인정하고 공간과 민중에 뿌리를 둔 세계화의 시대로 들어가는 전환기를 맞이하고 있다. 이제는 일대일로 시대에서 세계의 연계성 시대로 향하고 있다. 중국의 꿈을 실현하고자 하는 일대일로에서 세계의 꿈을 실현하고자 하는 '공간 베이스의 세계화' 시대로 다시 진화하고 있다. 연암 박지원은 우리에게 다시 묻는다. "그대 길을 아는가."

에필로그

일대일로는 공간을 베이스로 한 자유무역지대 건설 전략이다. 일대일로는 공동 번영의 구상이며, 동시에 국가이익을 위한 전략이다. 그래서 중국은 일대일로 구상, 일대일로 전략 두 개의 용어를 혼용해서 쓴다. 여기서는 일대일로 형성의 전체 맥락을 설명함으로써 가이드라인을 제시하고, 이 책이 어떻게 쓰였는지를 이야기하고자 한다.

1.

일대일로의 키워드는 에너지 자원, 해외시장, 인프라 건설 시장 등이다. 에너지 자원은 모든 산업의 시작이다. 에너지 자원의 운송은 물류다. 적은 비용, 짧은 시간, 안정적인 흐름이 물류의 생명인데, 이에 중요한 것은 인프라 건설, 통관 관련 제도 개선이다. 또한 FTA는 무역의 장벽을 낮추며 상품 거래를 활성화한다. 이런 틀 속에 일대일로 구상과 전략이 혼재한다.

열강 식민통치 때, 열강은 이미 다양한 물류 네트워크를 그리기 시작했다. 제2차 세계대전 이후, 미국 주도하에 IBRD, IMF, GATT를 포함한 다양한 국제기구를 조직해 유럽 부흥을 위한 마셜플랜을 시작하며 물류·개발 네트워크는 정비되었다. 일본은 미국의 기금을 통해 아시아판 마셜플랜을 주장하며 ADB를 설립해 남아시아-동남아-일본 라인 개발에 주도권을 확보했다. 이는 물론 공산권의 확장을 저지한다는 냉전시대의 논리였다.

1980년대 말, 서유럽은 소련의 에너지 패권을 견제하고자 했다. 1991년 소련 해체로 동유럽, 캅카스, 중앙아시아에 신생국이 등장했다. 서유럽은 동유럽 재건을 위해 EBRD를 설립했고, 유럽, 터키, 캅카스, 카스피해, 중앙아시아 연계 TRACECA를 추진했다. 마셜플랜으로 부흥했던 서유럽이 같은 방식으로 고대 실크로드 재건에 나선 것이다. 유럽은 TRACECA 라인으로 러시아를 경유하지 않고 카스피해로 진출했다. TRACECA와 마셜플랜은 일대일로의 모태인 셈이다.

미국은 유럽의 TRACECA 지원을 위해 1999년 실크로드 전략 법안을 통과해 캅카스 중심으로 러시아 견제 공간을 확보했다. 그리고 2001년 9·11테러 이후 이라크, 아프가니스탄 전쟁을 진행했고, 전후 재건을 위해 2006년 실크로드 법안을 통과했다. 이로서 고대 실크로드 내 러시아, 중국, 이란을 견제하기 위한 교두보이자 전쟁 지원을 받는 기지를 확보했다. 또한 2011년 실크로드 법안을 통해 캅카스, 중앙아시아, 남아시아를 연결하는 개발 지원을 확대했다. 더불어 아시아 회귀 전략을 한 세트로 구상하며 세계전략을 추진했다. 오마바 정권은 미국을 중심으로 환대서양에 TTIP, 환태평양에 TPP 등 메가급 자유무역협정을 추진함과 동시에, 인도를 축으로 2011년 실크로드 전략, 아시아회귀전략을 추진하면서 중국, 러시아를 포위하는 전방위적 군사안보·경제개발 국제전략을 전개했다.

1990년대 초, 일본은 내륙국가인 중앙아시아 개발에 참여하기 위한 외교활동을 펼쳤다. 중앙아시아 국가들과의 교류, 또한 카스피해의 에너지 자원을 일본까지 운송하기 위해서는 해양으로 연결해야 했다. 이를 위해 결국 중국, 러시아, 중동, 남아시아 등을 통한 운송이 불가피했다. 그러나 1998년 후반 중국의 성장이 가시화되면서 일본은 중국을 견제하기 시작했다. 우선 ADB를 통해 TRACECA에 참여 중이던 중앙아시아에 진출함으로써 CAREC 계획을 발표했다. 일본은 중앙아시아, 남아시아, 동남아, 남태평양, 일본에 이르는 지역과 이 구간별로 연결하는 지역개발까지 ADB를 통해 주도함으로써 유라시아의 실크로드 개발에 참여할 수 있었다. 중국과 러시아를 경유하지 않는 라인 개발로 유럽-일본 실크로드를 연결한 것이다.

중국은 미일의 봉쇄에서 벗어나고 유럽경제권과의 연결을 추진했다. 또한 제2의 개혁개방을 추진하며, 국내개발과 해외진출 전략을 병행했다. 일대일로는 국내 버전 일체양익, 유라시아 버전 일체양익, 글로벌 버전 일체양익 등 중국과 동아시아 중심으로 다양한 국제교류의 흐름을 창조한다. 이런 맥락에서 일대일로를 조망해야 한다. 이 책은 이런 국제 전반과 중국 국내의 내용을 종합해 일대일로 구상과 전략을 분석했다.

2.

일대일로라는 연구 대상을 마주하고 다음과 같은 방법을 활용했다. 먼저, 2012~2016년 사이에 시진핑, 리커창, 장가오리 등 일대일로와 직접 관련이 있는 중국 지도부의 연설문, 정부보고문, 발언 관련 기사 등 원문을 모두 취합해 중국의 꿈, 일대일로, 실크로드, 호련호통, 개혁개방, 자유무역지대라는 키워드를 중심으로 발췌해 내용을 분석했다.

다음으로, 2015년 3월 28일 중국 국무원이 비준하고 국가발전개혁위원회, 외무부, 상무부 공동으로 발표한 '실크로드 경제벨트와 21세기 해상실크로드의 비전과 행동(일대일로 액션플랜)' 원문에 나온 문맥을 이해하고 내용 중 키워드와 지명을 모두 검색해 관련 기사를 취합하고 다시 분석했다. 또한 1978년 제11차 3중전회 이후 중국 지도부의 공간개발 관련 정책 내용을 중심으로 자료와 이에 관련된 국제사회의 유사한 전략을 찾아 관련 내용을 함께 분석했다.

2014년 상하이에 위치한 한국해양수산개발원(KMI) 중국연구센터에서 현지 연구원으로 근무했을 때, 중국횡단철도(TCR), 시베리아횡단철도(TSR), 몽골종단철도(TMGR), 만주종단철도(TMR) 라인, 그리고 중국의 주요 항만에 직접 방문해 관련 실무자, 전문가, 현지 한국기업 들을 상대로 통역과 인터뷰를 담당하며 현장의 일대일로 계획 내용을 확인했다.

이 책을 쓰는 동안에도 북한-중국, 중국-러시아, 중국-몽골 접경지역을 중심으로 현장답사를 다녔고, 중국 수도권 지역[京津冀], 환발해경제권 지역, 상하이 중심의 창강삼각주 지역, 동북3성, 네이멍구 등을 직접 방문해 전문가와 대화를 나누었다. 또한 충칭, 쓰촨, 신장위구르자치구, 광시 좡족자치구, 윈난성 등지의 전문가 대담 자료를 분석해 참고자료로 활용했다.

중국 내 물류뿐만 아니라 외교 전문가, 중앙 지도층과도 인터뷰를 진행했다. 인터뷰 내용을 토대로 다시 키워드를 뽑아내 관련 내용을 검색·분석하며 공개되지 않은 일대일로 내용을 이해하려고 했다.

3.

일대일로라는 거대한 담론을 이 책 한 권에 담기에는 역부족임을 잘 알고 있다. 다만 중국이 지구촌 위에 그리는 일대일로의 전체 맥락과 정확한 의미를 담기 위해 노력했다. 이 책을 쓰는 내내 결코 쉽지 않은 여정이었다. 이름을 알리기 힘든 수많은 중국 내 각 분야 전문가와 대화를 나누고, 현장을 다녔다. 이 책이 나오기까지 많은 아이디어와 실마리를 제공해준 모든 분께 감사 인사를 올린다. 특히 이 책을 쓰도록 추천해준 주강현 제주대 석좌교수님, 푸단 대학교, 상하이사회과학원, 한국해양수산개발원, 남북물류포럼, 아시아퍼시픽해양문화연구원(APOCC) 관계자 분들, 실무 분야를 조언해준 이기태 포스코대우 대리, 그리고 늘 곁에서 힘이 되어주는 한재은 님과 나의 가족께 감사드린다.

부록

실크로드 공간 위의 국제정치

영향력은 상대방을 내가 원하는 방향으로 움직이게 하는 힘이다. 실크로드 개발은 결국 '에너지자원', '해외시장'을 개발하고 '영향력'을 유지하기 위한 강대국 간의 국익 경쟁이다. 선진국은 에너지자원으로 얻은 동력으로 제품을 생산해 다시 해외 소비시장으로 수출하는 방식으로 국가 이익을 확보해 경제력을 신장시켰다. 선진국은 지속 가능한 발전을 위해 개입과 봉쇄 전략을 적절히 펼쳐 영향력을 유지해왔다. 미국과 유럽 등의 선진국이 세계 에너지자원의 보고인 중동 문제에 개입한 이유 그리고 소련 해체 후 캅카스-카스피 해-중앙아시아에 개입한 이유도 이 영향력과 관련이 있다.

실크로드 지역에서 영향력을 확보하라

1991년 12월 소련 해체 후 서유럽은 EBRD를 설립해 동유럽개발자금을 제공했고, 미국은 반소 성향이 강한 발트 3국(리투아니아, 라트비아, 에스토니아)을 NATO에 참여시키면서 동진東進을 시작했다. 소련이라는 권력의 구심력을 통해 하나로 묶여 있던 독립국은 소련의 해체로 '힘의 공백'에 직면했다. 1992년 제47차 유엔총회에서 나자르바예프 카자흐스탄 대통령은 실크로드 지역에 안보·경제 분야의 지역협력체 설립을 주장했고,[1] 국제사회가 이에 호응해 CICA를 시작으로 ADB 주도의 CAREC, 러시아 주도의 EurAsEC, 중국·러시아 주도의 SCO 등이 생겨났다.

미국·유럽은 NATO와 유럽연합의 동진 정책과 더불어 소련의 부활을 저지하는 데 집중했다. 서유럽은 EBRD를 통해 TRACECA를 추진하며 러시아의 에너지 패권을 견제했다. 미국은 반러 성향이 강한 범슬라브계 국가를 지원해 1997년 10월 조지아(G)·우크라이나(U)·아제르바이잔(A)·몰도바(M)로 구성된 GUAM을 설립했다.[2]

한편 옐친의 러시아는 1995년부터 러시아·벨로루시·카자흐스탄·키르기스스탄 등 친러시아 혹은 용用러시아 성향 국가를 중심으로 EurAsEC의 전신인 '관세동맹'을 체결하며 주변국과의 관계를 중시하는 근외 전략으로 외교 정책을 전환했다. 이후 1996년 1월 예브게니 프리마코프 당시 러시아 외교장관은 NATO의 동진을 반대하면서도 미국 중심의 다원주의 세계를 인정하며 탄력적인 외교 전략을 유지했다. 또한 반러 성향의 범슬라브계 국가를 억압하기보다 러시아가 주도하는 관세동맹의 파이를 키워 나가는 방향으로 근외 전략을 진행했다.[3]

중국이 실크로드 지역 내 지역협력체로 참여하게 된 것은 1996년 4월 '상하이-5'가 설립되면서부터다. 상하이-5는 SCO의 전신으로, 향후 일대일로 정책의 중요한 정책소통 플랫폼이 된다.[4] 이로써 실크로드 지역을 둘러싼 미국, 유럽연합, 일본, 러시아, 중국의 경쟁이 가시화됐다. 실크로드 지역의 영향력 확보는 강대국으로서는 중요한 국가 전략이었다. 실크로드 지역은 에너지자원이 풍부한 곳으로 한 국가가 이곳의 영향력을 독점한다면 미국, 유럽연합, 일본, 러시아, 중국, 인도를 비롯한 에너지 소비국의 타격이 불가피해진다.

부시의 민주주의 확장 전략과 폐기

실크로드 지역의 국제정세가 대전환을 맞은 것은 2001년 9·11테러 이후 조지 W. 부시 정권의 외교 정책에서 기인했다. 9·11테러는 분명 비극적인 역사의 단편이지만, 문제는 부시의 대응이었다. 미국은 '테러와의 전쟁'을 선포하고 2001년 10월 아프가니스탄, 2003년 3월 이라크와 전쟁을 시작했다. 부시는 아프가니스탄, 이라크 전쟁 그리고 대이란 경제 제재를 유지하며 중동, 북아프리카 그리고 중앙아시아까지 민주주의를 주입하는 데 집중했다. 부시의 '민주주의를 위한 대중동 이니셔티브'는 현지 주민의 민주주의라기보다 미국 주도의 영향력을 유지하기 위한 성격이 강했다.[5] 부시의 미국은 민주적 평화 이론에 기초해 중동, 북아프리카, 중앙아시아 내 친미 성향의 민주주의 정권이 들어서면 전쟁의 위험이 적어지고 안정적인 에너지자원 공급이 가능하다고 믿었다.

부시 정권은 2002년 9월 '부시 독트린'으로 불리는 미국국가안보전략을 발표했다. 주요 내용은 선과 악을 가르는 미국 기준의 '도덕적 절대주의'를 기반으로 유지 연합(뜻이 맞는 국가 간의 연합)을 통해 적국 혹은 테러 단체의 적대행위를 선제적으로 저지한다는 것이다.[6] 부시는 또한 2002년 사우디아라비아를 포함한 중동 11개 국가의 민주화를 추진한다는 내용을 발표하고, 2004년 6월 G8 정상회담에서 중동 지역의 민주화와 현대화 개혁 노선을 지원하겠다는 구체적인 내용을 발표했다.[7]

부시의 민주주의 확장 전략이 갖고 있는 문제점은 이라크 전쟁의 논란과 함께 커졌다. 이라크는 대량살상무기를 보유하고 있다는 '추측'에 따라 미국의 선제공격을 받았다. 미국은 9·11테러와 관계없이 1998년 이미 '1998년 이라크자유법안'을 의회에 입안했다. 그리하여 2003년 3월 이라크 전쟁을 감행해 후세인 정권을 전복했지만 이라크에서 대량살상무기를 찾아내지 못하면서 국제사회의 비난 여론을 피할 수 없게 됐다.

미국은 아프가니스탄·이라크 전쟁을 진행 혹은 계획하던 중 아프가니스탄과 이라크 중간에 위치한 이란의 핵무장 정보도 접하게 됐다. 2002년 8월 이란의 우라늄 농축 시설이 폭로되면서 핵무기 개발 사실도 알려지게 된 것이다. 이란은 2005년 마무드 아마디네자드가 대통령에 당선되면서 미국과 유럽연합에 더욱 강경한 노선을 유지하게 됐고, 2006년부터 본격적으로 경제 제재를 받게 됐다.[8]

부시 정권의 중동·중앙아시아 개입 전략은 우즈베키스탄의 안디잔 Andizhan 사태를 전환점으로 약화됐다. 이라크·이란·아프가니스탄을 제외한 중동 지역의 11개 왕정 혹은 독재국가 역시 부시의 민주주의 확장 전략에 불만이 많았다. 이런 분위기 속에서 실크로드 지역을 중심으로 색깔혁명이 일어났다. 2003년 조지아의 장미혁명, 2004년 우크라이나의 오렌지 혁명, 2005년 키르기스스탄의 튤립 혁명 등이 대표적인 예다.[9] 실크로드 지역에서 도미노처럼 진행되던 색깔혁명은 2005년 5월 우즈베키스탄에서 발생한 안디잔 사태로 주춤하게 됐다. 우즈베키스탄 남부의 도시 안디잔에서 일어난 혁명에 국가 군대가 직접 진압에 나서면서 유혈사태가 발생했는데, 우즈베키스탄은 미국의 개입이 있었다고 판단한 것이다.[10]

이슬람 카리모프의 우즈베키스탄은 원래 미국, 유럽연합, 러시아, 중국 사이의 균형외교 노선을 유지했다. 1997년 친미 성향이 강한 GUAM에 가입했는데, 이때 GUAM은 우즈베키스탄의 'U'를 하나 더 포함한 GUUAM으로 명칭을 변경했다. GUUAM은 2001년 6월 얄타에서 GUUAM 선언문을 채택하며 지역 내 역할이 강화되는 듯했다.[11] 한편 우즈베키스탄은 2001년 6월 상하이에서 개최된 '상하이-5'에 가입했고, 상하이-5는 SCO로 명칭을 변경했다.[12] 우즈베키스탄은 GUUAM과 SCO에 참여하면서 양쪽의 파이를 키우는 결정적인 역할을 했으나, 우즈베키스탄의 균형은 오래가지 않았다.

미국의 아프가니스탄·이라크 전쟁으로 우즈베키스탄은 2002년부터 GUUAM 활동을 사실상 중단했다. 2005년 안디잔 사태 직후 우즈베키스탄은 GUAAM(다시 GUAM으로 명칭 회복)에서 아예 탈퇴됐다.[13] 미국은 아프가니스탄·이라크와 전쟁하기 위해 카자흐스탄, 키르기스스탄, 우즈베키스탄에 미군 기지를 제공받았는데, 안디잔 사태 이후 우즈베키스탄에서 철군해야만 했다. 부시 독트린은 미국의 일방주의와 개입 전략으로 점철되어 극단적인 워싱턴 합의Washington Consensus의 모습을 보였다. 부시 정권은 실크로드 지역에 민주주의를 전파했지만, 이슬람 극단주의의 세속화나 반미 성향의 정권이 선거로 들어서면서 사실상 확장 전략을 폐기하게 됐다.

비슷한 시기에 중국은 2001년 이후 비약적인 경제성장을 보이면서 동아시아 내 경제 패권의 균형을 흔들고 있었다. 또한 2003년부터 본격적으로 해외 진출 전략을 진행하면서 내정불간섭 원칙으로 아프리카, 이란, 중동 지역을 중심으로 미국·유럽연합·일본의 틈새를 공략하기 시작했다.

일본의 제안, '자유와 번영의 호'

일본은 아프가니스탄·이라크 전쟁 이후 재건을 위한 개발 프로젝트를 계획했다. 아프가니스탄은 중앙아시아·이란·남아시아·중국과 직접 연결이 가능한 지정학적 요충지다. 일본은 아프가니스탄 재건 프로젝트에 참여하여 이란, 인도, 파키스탄과 연계하고 중앙아시아와 외교, 무역, 교통, 에너지 협력을 진행하고자 했다.[14] 또한 2003년 12월부터 중앙아시아 국가에 ODA를 지원하며 ASEAN 같은 지역협력체 설립을 추진했다. 물론 일본은 당시 SCO나 CACO(중앙아시아협력기구)의 참여를 고려했으나 중국과 러시아의 영향을 받지 않기 위해 'ASEAN+3(한·중·일)'의 형식을 빌어 2003년 12월 '중앙아시아+일본'을 설립했다. 또한 중앙아시아에 엔화를 통한 양허성 대출(장기 상환 기간, 저금리)을 제공하는 한편, ODA와 기술 지원을 진행했다.[15]

조지 W. 부시가 유지 연맹과 가치동맹을 앞세워 중동과 실크로드 지역에 개입 전략을 본격화하던 2006년 가을, 아베 신조 정권의 아소 다로 당시 외무대신은 '중앙아시아+일본'보다 더 발전한 개념으로 '자유와 번영의 호(The Arc of Freedom and Prosperity)'를 제안했다. 당시 부시 행정부는 발트 국가, 발칸 반도, 흑해 연안 국가, 캅카스, 중동, 중앙아시아에 이르는 지역을 비민주적이고 불안정한 지역이라며 '불안정의 호(Arc of Instability)'라 명했다. 아소 다로는 이 말을 뒤집어 '자유와 번영의 호'라고 칭하면서 민주주의, 시장경제, 인권, 법치, 자유 등의 가치를 앞세워 가치동맹 성격의 지역 연계를 제안하는 한편, 내정불간섭을 강조했다.

'자유와 번영의 호'는 유엔의 지원과 미일동맹의 강화를 전제로 발트해 · 유럽연합 · GUAM · 중동 · 중앙아시아 · 남아시아 · 동남아시아 · 남태평양(오스트레일리아 포함) 그리고 일본으로 이어지는 활[弧] 모양을 범위로 하며, 주요 협력 기구는 유엔 · NATO · 유럽연합 · ASEAN 등으로 설정했다. 일본 외무성은 자유와 번영의 호에 한국, 중국, 러시아 등 이웃 국가도 참여할 수 있다고 함으로써 그 범위 내에 한국, 중국, 러시아가 포함되지 않음을 간접적으로 밝혔다.[16] 일본의 '자유와 번영의 호'는 민주주의 · 자유 · 인권 등의 가치를 강조하며 중국, 러시아를 배제한 태평양발 실크로드 개발 전략이었다.

그러나 아베 신조를 포함한 이후 일본 지도부는 '자유와 번영의 호'가 배타적 의미를 담고 있고 우즈베키스탄을 포함한 중앙아시아를 자극할 수 있다고 판단하여 공간 개발 프로젝트와 금융 · 융자 플랫폼은 그대로 유지하되 이 명칭을 사용하지는 않았다.[17]

2007년 아베 신조는 인도 의회 연설에서 태평양과 인도양 두 해양을 연계하여 '자유와 번영'의 역동적인 해양을 만들자며 '인도-태평양' 라인 구축을 주장했다. 이 발언은 '자유와 번영의 호'의 아이디어에서 비롯된 것으로, 인도와 일본 사이에 위치한 ASEAN-남태평양의 연계성을 추진하여 상호 협력을 증진하자는 내용이었다.[18] 일본은 또한 2008년부터 본격적으로 CAREC 연계성을 실행하게 되는데, 이로써 사실상 '자유와 번영의 호' 구축을 위한 프로젝트를 본격적으로 시작하게 됐다.

비슷한 시기에 후진타오의 중국은 동부선도, 서부대개발, 동북진흥, 중부굴기 지역의 개발을 본격화하고 인프라 건설에 박차를 가하며 일대일로 추진을 위한 국내 공간 네트워크 개발을 진행하고 있었다.

2011년 11월 힐러리 클린턴 당시 미 국무부 장관은 '미국의 태평양 시대'를 밝혔고,[19] 오바마는 본격적으로 아시아 회귀 전략을 추진하게 됐는데, 이는 일본의 중국 견제 정책 방향과 부합하는 것이었다.

미국의 실크로드 전략

미국의 실크로드 전략은 원래 1992년 초 '밴쿠버에서 블라디보스토크까지'와 '유럽-대서양공동체' 등 대서양발 실크로드 개발에 역점을 두었으나 점차 대서양-인도양-태평양을 연결하는 전략으로 확장됐다. 유럽의 TRACECA 지원과 미국의 1999년 실크로드 전략 법안은 유럽-흑해-터키-캅카스-카스피 해-중앙아시아 연계에 중점을 두었다. 2001년 9·11 테러 이후 조지 W. 부시는 중동 지역 개입 강화와 함께 아프가니스탄·

이라크 전쟁으로 전후 재건 사업을 추진했다.

2005년 프레데릭 스타Frederick Starr 교수는 '대중앙아시아 파트너십'을 주장하며 아프가니스탄을 축으로 한 중앙아시아 연계 전략을 제안했는데, 미 의회는 이를 반영해 2006년 실크로드전략법안을 통과시켰다. 이 기간 동안 중국과 러시아의 경제력은 빠른 속도로 성장했으며, 미국에도 중국과 러시아에 대한 전략적 견제가 필요한 시기였다. 특히 2007년 12월부터 미국발 금융위기가 미국 국내는 물론 유럽으로 퍼져 나가면서 세계경기의 악화로 전이되던 시점이기도 했다.

아프가니스탄, 인도를 축으로 한 물류 네트워크 디자인

오바마는 2009년 1월 미국 대통령으로 취임한 이후 아프가니스탄 전쟁 당시의 전쟁물자 공급 라인을 계산해 아프가니스탄 중심의 물류 네트워크를 발표했다. 그 물류 네트워크가 아프가니스탄을 축으로 발트 해, 지중해, 카스피 해, 인도양을 연계한 NDN(북방물류네트워크)이다. 오바마의 미국은 자국의 국제사회 영향력과 금융·융자 플랫폼을 토대로 유럽연합 주도의 TRACECA, ADB 주도의 CAREC를 활용해 아프가니스탄을 축으로 한 물류 네트워크를 디자인했다. 미국, NATO, 유럽연합, 일본 등이 주축이 되어 참여한 NDN은 기존의 미군이 파키스탄을 통해 군수물자를 공급받던 물류 루트를 다원화하는 한편 본 지역에 대한 미국의 영향력을 확대하는 계기가 됐다. NDN에는 라트비아, 아제르바이잔, 조지아, 카자흐스탄, 러시아, 타지키스탄, 우즈베키스탄 등이 포함됐다.[20]

미국은 아프가니스탄 전쟁과 재건에 러시아, 중국과의 협력을 배제하지 않으면서 미국의 영향력 아래 아프가니스탄을 중심으로 한 실크로드 지역 내 새로운 경제체를 형성하고 이 경제체를 통한 러시아, 중국, 이란을 견제하는 전략을 진행했다. 아프가니스탄의 북방 물류 네트워크는 발트 해, 지중해, 흑해, 카스피 해, 걸프 만, 인도양을 연계하는 내륙과 해양의 실크로드가 종합되는 경제체 구상이다. NDN은 비록 전쟁물자 공급 루트로서 고안됐지만, 이후 미국의 2011년 실크로드전략법안, 러시아의 북남경제회랑, 나아가 일대일로 공간의 일부로 이어졌다.

2011년 힐러리 클린턴은 '신실크로드(New Silk Road)'라는 개념을 써서 실크로드 지역 내 인프라 건설, 통관제도 개선, 민간 교류 활성화를 골자로 한 연계성을 진행하겠다고 강조했다.[21] 그러면서 중앙아시아-아프가니스탄-남아시아(인도)를 연계하는 내용을 담은 실크로드전략법안을 추진했다. 또한 남아시아(인도)-ASEAN-환태평양-미국 서부를 연계하는 아시아 회귀 전략을 전개하며 안보·경제·무역·개발·원조 등의 분야에 걸쳐 개입 전략을 진행했다.

2013년 2월 뉴델리에서 인도와 미국의 정책 결정자는 인도의 동방정책과 미국의 아시아 회귀 전략을 평가하는 자리를 가졌다. 오바마 정권에서 인도의 동방정책은 인도-ASEAN 연계성과 인도의 남중국해 문제 개입에 협력해 인도-태평양 정책을 실현하여 미국의 아시아 회귀 전략과 연계한다는 것이었다.[22] 이는 미국의 국제 전략이 실크로드 전략-인도-아시아 회귀 전략으로 이어지는 것을 의미했다. 미국은 환대서양-유럽-터키-중동-캅카스-중앙아시아-남아시아-동남아시아-환태평양 개발을 유럽연합·일본과 함께 진행하면서 대중국·대러시아 견제 전략을 구체적으로 설계했다.

2011 실크로드 전략과 아시아 회귀 전략

오바마의 실크로드 전략은 인도를 축으로 왼쪽은 아프가니스탄·투르크메니스탄을 허브로 삼는 2011년 실크로드법안, 오른쪽은 미얀마·베트남·필리핀·오스트레일리아·일본 등을 허브로 삼는 아시아 회귀 전략으로 중국을 견제하는 전략이다. 미국의 전략은 중국과 러시아를 제외한 환대서양, 환태평양, 환인도양 지역 내 군사안보 동맹 구조를 강화하고 에너지자원, 가공, 제조업, 디자인, 기술, 소비시장에 걸친 지역별 비교우위에 맞춰 인프라 건설과 통관제도 개선 그리고 FTA 등을 추진하며 중국과 러시아를 견제하는 한편, 이후 지구촌 통합 경제권 내 주도권을 장악하고자 하는 것이었다.

주의할 점은 미국의 주도로 진행되는 2011년 실크로드 전략이나 아시아 회귀 전략에 의해 진행되는 개발 사업에 중국과 러시아 역시 참여가 가능하지만 직접 참여하기 어려운 조건(표준)을 마련하거나 중·러 경제 발전의 경쟁 상대를 키워주는 간접적인 방식으로 미국의 대중·대러 봉쇄정책이 진행됐다는 것이다.

오바마의 미국은 실제로 양자관계나 지역별 경제협력체와의 관계 강화를 통해 안보 협력, 개발 원조를 중심으로 개입 전략을 강화했다. 또한 EBRD, ADB 개발 프로젝트에 직간접적으로 참여하면서 미국의 국익에 맞는 인프라 네트워크 설계를 진행하기도 했다. 대표적인 예가 BTC(바쿠-트빌리시-제이한) 송유관과 TAPI(투르크메니스탄-아프가니스탄-파키스탄-인도) 천연가스 파이프라인, CASA-1000 전력 프로젝트다.

오바마 정부는 또한 아시아 회귀 전략을 표방하며 아시아태평양 지역에서 잃어버린 균형을 되찾겠다는 '재균형' 전략을 구사했다. 2001년 9·11테러로 중동과의 전쟁에 치중했다면, 2008년 세계 금융위기 이후에는 아태 지역에서 중국에 의해 잃었던 균형을 되찾겠다는 전략을 선택한 것이다. 미국은 동북아시아, 중앙아시아, 동남아시아, 남아시아에 이르기까지 중국을 둘러싼 거의 전 지역에 걸쳐 직간접적으로 개입 전략을 구사했다. 예를 들어 중국과 주변국 간 분쟁에 미국이 개입하는 식이다. 재균형이란 '힘의 균형'에서 파생한 용어인데, 중국과 주변국 간의 힘의 축이 중국에 기울어 있어 미국이 개입해 그 균형을 다시 맞추겠다는 의미다.

미국은 일본, 타이완, 필리핀, 브루나이, 인도네시아 등의 섬 국가를 제1열도선으로 설정했다. 제1열도선상의 중국과 일본(동중국해), 중국과 베트남·필리핀·인도네시아(남중국해) 간의 갈등 구조를 이해하고 관련 국가와 안보 협력을 진행해 중국과의 갈등 문제에 개입한다는 것이다. 미국은 또한 2011년 오스트레일리아에 미군을 주둔하는 한편, 아웅산 수치의 미얀마와의 관계를 정상화해 중국이 미얀마를 통해 인도양으로 진출하는 루트를 견제했다.

미국의 아시아 회귀 전략과 재균형 전략은 외교와 안보 분야에만 국한된 것이 아니다. 미국의 TPP 역시 재균형 전략의 일환이었다. 미국은 2009년 한 달 평균 약 80만 명의 실업자가 발생했던 시기를 거치면서 미국 내 경제 개혁을 실시함과 동시에 세계경제 질서 전환을 통해 중국을 견제했다.[23] 미국의 중국 견제는 세계무역질서 표준화(rule) 조정을 통한 중국 경제 경쟁력 압박을 통해 주로 이루어졌다.

중국은 2000년부터 국제자유무역지대를 확장하기 위해 외교적으로 노력했다. 또한 2001년 12월에는 WTO에 가입해 세계경제 질서에 편입하면서 FTA 협상 확장에 본격적으로 참여했다. 중국은 미국 중심의 세계무역질서 표준화를 근거로 중국 국내 경제체제 개혁을 실시했고 저임금 가격 경쟁력 확보로 가파른 경제성장을 실현했다. 이런 상황에서 TPP와 TTIP 등 미국 중심의 국제자유무역지대협정을 통해 높은 진입 장벽을 형성하여 중국을 글로벌 지역경제에서 견제하는 것이 미국의 글로벌 전략이었다.

2010년 3월 미국의 TPP 합류로 아시아태평양 지역의 경제 질서 전환이 시작됐다. 2013년 3월 일본은 TPP 가입 희망을 밝혔고, 7월 TPP 협상에 정식으로 합류했다.[24] 공교롭게도 이 기간은 중국의 일대일로 형성 기간과 일치한다. 2012년 11월 시진핑을 중심으로 한 새로운 중국 지도부가 등장했고, 2013년 4월에는 시진핑이 보아오 포럼에서 동아시아 내 연계성을 주장했으며, 9월에는 시진핑이 카자흐스탄에서 '실크로드 경제 벨트'를 처음 제안했다. 일대일로 추진 시기와 TPP의 발전 시기가 겹치는 것은 서로의 상관관계를 보여준다.

소련 해체 직후 미국과 유럽연합은 대서양발 실크로드에 집중했고, 일본은 태평양발 실크로드에 집중했다. 강대국은 실크로드 공간의 에너지 자원, 해외시장, 영향력 확보를 위한 개발 전략을 추진했다. 1997년 이후 중국의 경제력 강화는 동북아시아 정세에 전환을 예고했고, 일본은 중국을 견제하기 위해 중국을 둘러싼 중앙아시아-남아시아-동남아시아-남태평양-제1도련선 라인의 연계를 강조했다. 부시의 미국이 중동에서 '사막의 바람'을 휩쓰는 동안 중국은 동부 연해를 중심으로 낮은 임금, 정부의 혜택, 넓은 내수시장 등을 토대로 일본과 아시아의 네 마리 용인 한국, 싱가포르, 홍콩, 타이완의 제품을 가공하여 미국과 유럽으로 수출하는 '세계의 공장'으로 발전했다.

오바마의 미국은 인도와 베트남을 제조업 기지로 삼아 에너지자원, 기술 지원, 소비시장 등을 연결해 중국의 경쟁자로 만들었고, 환태평양과 환대서양 내 메가급 FTA를 진행하며 중국을 고립시켰다. 또한 EBRD의 TRACECA, ADB의 ASEAN, SAARC, CAREC 등을 지역경제협력체와 유기적으로 엮으며 연계성을 디자인해 하나의 지역 경제체로 만들어 이 지역 내 중국·러시아·이란의 영향력 확장을 견제했다.

주요 용어

국제기구 및 국제지역기구

ARF ASEAN Regional Forum 아세안지역포럼, 1994

GATT General Agreement on Tariffs and Trade 관세 및 무역에 관한 일반협정, 1948~1994

GUAM Georgia · Ukraine · Armenia · Moldova, 1999, 우즈베키스탄 참여로 GUUAM으로 확장됐다가 탈퇴하며 GUAM으로 재전환

IMF International Monetary Fund 국제통화기금, 1945

NATO North Atlantic Treaty Organization 북대서양조약기구, 1949

OSCE Organization for Security and Co-operation in Europe 유럽안보협력기구, 1975

UN ESCAP United Nations Economic and Social Commission for Asia and the Pacific 아시아-태평양경제사회위원회, 1947

UNWTO United Nations World Tourism Organization 유엔세계관광기구, 1975

WTO World Trade Organization 세계무역기구, 1995

국제지역 및 국제지역개발프로젝트

ACD Asia Cooperation Dialogue 아시아 협력대화, 2002, 한국·중국·일본·몽골·부탄·인도·파키스탄·스리랑카·러시아·카자흐스탄·타지키스탄·우즈베키스탄·키르기스스탄·바레인·이란·쿠웨이트·오만·카타르·사우디·UAE·ASEAN(10개국) 31개국

APEC Asia-Pacific Economic Cooperation 아시아-태평양경제협력기구, 1989, 미국·일본·중국·캐나다·러시아·한국·멕시코·호주·인도네시아·타이완·태국·홍콩·말레이시아·필리핀·뉴질랜드·페루·브루나이·싱가포르·베트남·칠레·파푸아기니 21개국 및 지역

ASEAN Association of South-East Asian Nations 동남아시아국가연합, 1967, 2016년에 AEC(ASEAN Economic Community 아세안경제공동체)로 전환, 필리핀·말레이시아·싱가포르·인도네시아·태국·브루나이·베트남·라오스·미얀마·캄보디아 10개국

ASEM Asia-Europe Meeting 아시아-유럽정상회의, 1996, 아시아(17개국)·유럽(28개국)·제3그룹(3개국) 회원국 48개국

BIMP-EAGA East ASEAN Growth Area ASEAN성장지대, 1994, 브루나이·인도네시아·말레이시아·필리핀 4개국

BIMSTEC Bay of Bangal Initiative for Multi-Sectoral Technical and Cooperation 벵골만기술경제협력체, 1997, 방글라데시, 미얀마, 인도, 부탄, 네팔, 스리랑카 7개국

CAREC Central Asia Regional Economic Cooperation 중앙아시아지역경제협력체, 2007, 중국(신장위구르자치구·네이멍구자치구)·카자흐스탄·키르기스스탄·우즈베키스탄·타지키스탄·아제르바이잔·몽골·아프가니스탄·파키스탄·투르크메니스탄 10개국, 2016년 기준

CICA Conference on Interaction and Confidence Building Measures in Asia 아시아교류 및 신뢰구축회의, 2002, 한국·카자흐스탄·우즈베키스탄·아프가니스탄·아제르바이잔·이란·이스라엘·이집트·인도·중국·몽골·키르기스스탄·타지키스탄·러시아·터키·파키스탄·팔레스타인·태국 18개국

CIS Commonwealth of Independent States 독립국가연합, 1991, 러시아·벨라루스·

몰도바 · 카자흐스탄 · 우즈베키스탄 · 타지키스탄 · 키르기스스탄 · 아르메니아 · 아제르바이잔공화국 9개국, 조지아 2008년 탈퇴, 우크라이나 2014년 탈퇴, 투르크메니스탄 2005년 탈퇴(준회원국), 2017년 4월 기준

Colombo Plan 콜롬보계획, 1950, 아프가니스탄 · 호주 · 방글라데시 · 부탄 · 브루나이 · 피지 · 인도 · 인도네시아 · 이란 · 한국 · 일본 · 라오스 · 말레이시아 · 몰디브 · 미얀마 · 네팔 · 뉴질랜드 · 파키스탄 · 파푸아기니 · 싱가포르 · 스리랑카 · 태국 · 미국 · 베트남 27개국, 주로 ASEAN+SAARC, 이외에 캐나다(1992) · 영국(1991) · 캄보디아(2004) 탈퇴, 2017년 4월 기준

EU European Union 유럽연합, 1993, 독일 · 프랑스 · 아일랜드 · 벨기에 · 네덜란드 · 룩셈부르크 · 덴마크 · 스웨덴 · 핀란드 · 오스트리아 · 이탈리아 · 에스파냐 · 포르투갈 · 그리스 · 체코 · 헝가리 · 폴란드 · 슬로바키아 · 리투아니아 · 라트비아 · 에스토니아 · 슬로베니아 · 키프로스 · 몰타 · 불가리아 · 루마니아 · 크로아티아 · 영국(브렉시트), 2017년 기준, 27+1(영국)개국

EurAsEC or EEU Eurasian Economic Community 유라시아경제공동체, 2000, 러시아 · 벨라루스 · 카자흐스탄 · 키르기스스탄 · 타지키스탄 5개국, 우즈베키스탄 2008년 탈퇴

GCC Gulf Cooperation Council 걸프협력회의, 1981, 사우디아라비아 · 쿠웨이트 · 아랍에미리트 · 카타르 · 오만 · 바레인 6개국

GMS Greater Mekong Subregion 메콩강유역경제협력체, 1992, 태국 · 미얀마 · 라오스 · 캄보디아 · 베트남 · 중국 윈난 성 6개국

GTI Great Tumen Initiative 광역두만강개발계획, 2005, 전신 TRADP(Tumen River Area Development Program 두만강개발계획, 1992), 한국 · 중국 · 러시아 · 몽골 4개국, 북한 2009년 11월 탈퇴, 일본 옵서버

SAARC South Asian Association for Regional Cooperation 남아시아지역협력연합, 1983, 파키스탄 · 방글라데시 · 스리랑카 · 네팔 · 몰디브 · 부탄 · 아프가니스탄 8개국

SASEC South Asia Subregional Economic Cooperation 남아시아소지역개발프로그램, 2001, 방글라데시 · 부탄 · 인도 · 몰디브 · 네팔 · 스리랑카 6개국

SCO Shanghai Cooperation Organization 상하이협력기구, 2001, 전신 Shanghai-5(1996), 중국 · 러시아 · 카자흐스탄 · 우즈베키스탄 · 타지키스탄 · 키르기스스탄 5개국, 2017년 4월 기준

TRACECA Transport Corridor-Europe-Caucasus-Asia 유럽-캅카스(코카서스)-아시아운송회랑프로젝트, 1993, 아르메니아 · 아제르바이잔 · 불가리아 · 조지아 · 카자흐스탄 · 키르기스스탄 · 이란 · 몰도바 · 루마니아 · 터키 · 우크라이나 · 우즈베키스탄 · 타지키스탄 · 투르크메니스탄 14개국+유럽연합

TURKPA The Parliamentary Assembly of Turkic-speaking Countries 터키어사용국가들의 의회연합, 2008, 아제르바이잔 · 카자흐스탄 · 키르기스스탄 · 터키 4개국

중국-아라비아국가협력포럼 中阿合作論壇, 2000, 요르단 · UAE · 바레인 · 튀니지 · 알제리 · 지부티 · 사우디아라비아 · 소말리아 · 이라크 · 오만 · 팔레스타인 · 카타르 · 코모로 · 쿠웨이트 · 레바논 · 리비아 · 이집트 · 모로코 · 모리타니 · 예멘 · 시리아 · 수단(남북 분단) 22개국, 2011년 11월 시리아 정부 자격 박탈, 2013년 3월 시리아 반정부 자격 수여했으나 실현되지 않은 상황

국제투자펀드(MIF, Multilateral Investment Fund)

IFAD International Fund for Agricultural Development 국제농업개발기금, 1976

NDF Nordic Development Fund 북유럽개발펀드, 1989

OFID OPEC Fund for International Development 석유수출국기구국제발전기금, 1976

다자개발은행(MDB, Multilateral Development Bank)

ADB or AsDB Asian Development Bank 아시아개발은행, 1966

AfDB African Development Bank 아프리카개발은행, 1964

AIIB Asian Infrastructure Investment Bank 아시아인프라투자은행, 2016

EBRD European Bank for Reconstruction and Development 유럽부흥개발은행, 1991

EIB European Investment Bank 유럽투자은행, 1958

IBRD International Bank for Reconstruction and Development 국제부흥개발은행 (World Bank 세계은행), 1944

IDB Inter-American Development Bank 미주개발은행, 1959

IsDB Islamic Development Bank 이슬람개발은행, 1975

NDB New Development Bank 브릭스은행 혹은 신개발은행, 2015

NEADB North East Asian Development Bank 동북아개발은행, 미정

자유무역협정(FTA: Free Trade Agreement) 및 지역무역협정(RTA: Regional Trade Agreement)

AU Africa Union 아프리카연합

EAS East Asia Summit 동아시아정상회의, ASEAN+8

FTAAP Free Trade Area of the Asia-Pacific 아시아태평양자유무역지대

Mercosur 남미공동시장

NAFTA North American Free Trade Agreement 북미자유무역협정

RCEP Regional Comprehensive Economic Partnership 역내포괄적경제동반자협정, ASEAN+6

TPP Trans-Pacific Partnership 환태평양경제동반자협정

TTIP Transatlantic Trade and Investment Partnership 범대서양무역투자동반자협정

주

1. 일대일로는 무엇인가

1 Space is crystallized time, Manuel Castells, The Space of Flows, The Rise of the Network Society, 2nd edition, Oxford: Blackwell, 2000, p. 441.

2 朱鹰, "试析三级阶梯式的中国地形", 《华南师范大学学报(自然科学版)》, 1989年02期, 华南师范大学, 1989.

3 新华社, 政府工作报告(全文) 中央政府门户网站 www.gov.cn 2015.03.16., 〈http://www.gov.cn/guowuyuan/2015-03/16/content_2835101.htm〉, (검색일: 2016년 8월 19일).

4 新华社,(2015年10月29日中国共产党第十八届中央委员会第五次全体会议通过)中共中央关于制定国民经济和社会发展第十三个五年规划的建议,2015.11.03., 〈http://news.xinhuanet.com/fortune/2015-11/03/c_1117027676.htm〉, (검색일: 2016년 8월 19일).

5 中国政府网, 国务院关于依托黄金水道推动长江经济带发展的指导意见, 国发〔2014〕39号, 2014.09.25., 〈http://www.gov.cn/zhengce/content/2014-09/25/content_9092.htm〉, (검색일: 2016년 8월 19일).

6 中央政府门户网站, "从'经济带'到'经济轴带'拓展区域发展新空间", 2015.11.03., 〈http://www.gov.cn/zhengce/2015-11/03/content_5004388.htm〉, (검색일: 2016년 8월 19일).

7 표준(rule)이란 WTO나 미국 주도의 메가급 FTA에서 요구하는 참가 조건을 뜻하는 것으로서 시장 진입 개혁, 세관감독관리, 검험검역, 환경보호, 투자보호, 정부조달, 전

자상거래, 시장완전개방, 금융 투명성, 지적재산권, 노동환경 등을 말한다. 白羽, “授权发布：中共中央关于全面深化改革若干重大问题的决定”, 2013年11月15日, 〈http://zj.people.com.cn/n/2015/0909/c186806-26301870-14.html〉, (검색일: 2016년 9월 12일).

8 中央政府门户网站, “找准‘一带一路’建设优先领域”, 2016.01.12., 〈http://www.gov.cn/zhengce/2016-01/12/content_5032262.htm〉, (검색일: 2016년 9월 7일).

9 王萌萌, “中国政府与国际组织签署首个政府间共建‘一带一路’谅解备忘录”, 新华网, 2016年09月20日, 〈http://news.xinhuanet.com/fortune/2016-09/20/c_1119594684.htm〉, (검색일: 2016년 11월 6일).

10 中华人民共和国常任驻联合国代表团网站, “联合国大会一致通过决议呼吁各国推进‘一带一路’倡议”, 2016/11/17, 〈http://www.fmprc.gov.cn/ce/ceun/chn/gdxw/t1416496.htm〉, (검색일: 2016년 11월 6일).

11 袁勃' 王吉全, “联通引领发展 伙伴聚焦合作—在‘加强互联互通伙伴关系’东道主伙伴对话会上的讲话”, 2014年11月09日, 人民日报, 〈http://politics.people.com.cn/n/2014/1109/c1024-25997464.html〉, (검색일: 2015년 9월 14일).

12 王佳宁, “习近平在纳扎尔巴耶夫大学的演讲(全文)”, 新华网, 2013年09月08日, 〈http://news.xinhuanet.com/world/2013-09/08/c_117273079_2.htm〉, (검색일: 2015년 9월 14일).

13 王玉主, “区域一体化视野中的互联互通经济学”, 《人民论坛·学术前沿》2015年3月上, 人民论坛杂志社, 2015.03., 第18页.

14 Douglas H. Brooks, “Regional Cooperation, Infrastructure, and Trade Costs in Asia”, ADB Institute Working Paper No. 123, 2008.12., pp.1-7.

15 Haruhiko Kuroda, “Infrastructure for a Seamless Asia Tokyo”, Asian Development Bank Institute, 2009, p.203.

16 중앙아시아지역경제협력체(CAREC; Central Asia Regional Cooperation)가 연계성을 정식으로 실시한 것은 2012년 11월부터다. CAREC, ADB, “CAREC Transport and

Trade Facilitation Strategy 2020", 12th Ministerial Conference on Central Asia Regional Economic Cooperation 23-24 October 2013 Astana, Kazakhstan; 남아시아지역협력연합(SAARC; South Asia Association for Regional Cooperation)은 2010년 4월 2010-2020년 내 "남아시아지역협력연합 내 연계성 발전 10년(Decade of Intra-regional Connectivity in SAARC)"을 선언했다. ADB, Regional Transport Connectivity in South Asia, Proposed SASEC Road Connectivity Investment Program (RRP IND 47341).

17 李文韬, "中国参与APEC互联互通合作应对战略研究", 南开学报 (哲学社会科学版) 2014年第6期, 南开大学, 2014.05.12., 第106页.

18 Asia-Pacific Economic Cooperation (APEC), "Report to Implement the APEC Connectivity Blueprint", November 2014, p.29.

19 新华社, "胡锦涛在中国共产党第十八次全国代表大会上的报告", 2012年11月17日, 〈http://cpc.people.com.cn/n/2012/1118/c64094-19612151-8.html〉, (검색일: 2015년 9월 10일).

20 王佳宁, "习近平在纳扎尔巴耶夫大学的演讲(全文)", 新华网, 2013年09月08日, 〈http://news.xinhuanet.com/world/2013-09/08/c_117273079_2.htm〉, (검색일: 2015년 9월 10일).

21 袁勃' 王吉全, "联通引领发展 伙伴聚焦合作—在'加强互联互通伙伴关系'东道主伙伴对话会上的讲话", 2014年11月09日, 人民日报, 〈http://politics.people.com.cn/n/2014/1109/c1024-25997464.html〉, (검색일: 2015년 9월 10일).

22 秦陆峰, "王毅 : '一带一路'比'马歇尔计划'更古老也更年轻", 中国经济网, 2015年03月08日, 〈http://intl.ce.cn/qqss/201503/08/t20150308_4756520.shtml〉, (검색일: 2015년 9월 10일).

23 王义桅, "论'一带一路'的历史超越与传承",《人民论坛·学术前沿》2015年5月上, 人民论坛杂志社, 2015-05-27, 〈http://www.rmlt.com.cn/2015/0527/388555.shtml〉, (검색일: 2016년 7월 20일).

24 Ben Simpfendorfer, "Beijing's 'Marshall Plan'", New York Times, NOV.3,2009, 〈http://www.nytimes.com/2009/11/04/opinion/04iht-edsimpendorfer.html?_r=0〉,

(검색일: 2016년 7월 20일).

25 孙健芳, "许善达: 力推中国式马歇尔计划", 经济观察网, 2009-08-10, 〈http://www.eeo.com.cn/2009/0810/147281.shtml〉, (검색일: 2016년 7월 20일).

26 邱小敏, "周小川 : 关于改革国际货币体系的思考", 新华财经(来源 : 中国人民银行网站), 〈http://news.xinhuanet.com/fortune/2009-03/24/content_11060507.htm〉, (검색일: 2016년 7월 20일).

27 金中夏, "中国的'马歇尔计划'-深讨中国对外基础设施投资战略",《国际经济论坛》, 2012年 第6期, 中国社会科学院世界经济与政治研究所, 2012, 第57页.

28 卢山冰, 刘晓蕾, 余淑秀, "中国'一带一路'投资战略与'马歇尔计划'的比较研究",《人文杂志》, 2015年 第10期, 陕西省社会科学院, 2015, 第40页.

29 王萌萌, "习近平同印度尼西亚总统苏西洛举行会谈", 新华网, 2013年10月02日, 〈http://news.xinhuanet.com/world/2013-10/02/c_117587755.htm〉, (검색일: 2015년 9월 16일).

30 일대일로와 마셜 플랜의 차이점을 8가지, 卢山冰, 刘晓蕾, 余淑秀, "中国'一带一路'投资战略与'马歇尔计划'的比较研究",《人文杂志》, 2015年 第10期, 陕西省社会科学院, 2015, 第40~43页.

31 IMF, "Special Drawing Right (SDR)", April 6, 2016, 〈http://www.imf.org/external/np/exr/facts/sdr.HTM〉, (검색일: 2016년 7월 26일).

32 박영철, 전희경, "중국이 '달러 독재' 끝장내나? [박영철-전희경의 국제경제 읽기] 중국 SDR 바스켓 편입", 프레시안, 2015.11.30., 〈http://www.pressian.com/news/article.html?no=131464&ref=nav_search〉, (검색일: 2016년 7월 26일).

33 邱小敏, "周小川 : 关于改革国际货币体系的思考", 新华网(来源 : 中国人民银行网站), 2009年03月24日, 〈http://news.xinhuanet.com/fortune/2009-03/24/content_11060507.htm〉, (검색일: 2016년 7월 29일).

34 新华网, "胡锦涛在二十国集团领导人第二次金融峰会上的讲话(全文)", 2009年04月03日, 〈http://news.xinhuanet.com/newscenter/2009-04/03/content_11122834.

htm〉, (검색일: 2016년 7월 29일).

35 Gold-Backed SDR "Is Quite Likely To Happen", LSE's Lord Desai Warns.

36 James N. Rosenau, "Governance in the 21st Century", Global Governance 1, no. 1, 1995, p.14, p.19.

37 秦宣, "'中国模式'之概念辨析",《前线》杂志, 2010年第02期, 中国共产党北京市委员会, 2010, 第29-32页.

38 中华人民共和国国务院新闻办公室, "中国的对外援助(2014)白皮书(全文)", 2014/07/11, 〈http://www.fmprc.gov.cn/ce/cohk/chn/xwdt/jzzh/t1173111.htm〉, (검색일: 2016년 8월 13일).

39 人民日报, "习近平博鳌讲话：共同创造亚洲和世界的美好未来", 2013年04月08日, 〈http://www.qh.xinhuanet.com/2013-04/08/c_115299855.htm〉, (검색일: 2016년 8월 13일).

40 〈习近平带火的12个热词: 中国梦人生的扣子蜜拼的〉, 新华网, 2015年 2月 8日, http://www.qh.xinhuanet.com/2015-02/08/c_1114292034.htm(검색일 2016년 10월 2일).

41 周楚卿 · 惠梦, 〈习近平: 在第十二届全国人民代表大会第一次会议上的讲话〉, 新华社, 2013年 3月 17日, http://news.xinhuanet.com/2013lh/2013-03/17/c_115055434.htm(검색일 2016년 10월 2일).

42 The Huffington Post, "The 16 Best Things Warren Buffett Has Ever Said", 30 August 2013, http://www.huffingtonpost.com/2013/08/30/warren-buffett-quotes_n_3842509.html?utm_hp_ref=warren-buffett(검색일 2016년 10월 5일).

43 자세한 자료는 다음을 참조할 것. 양한수, 〈중국의 공급과잉해소(去产能) 정책 추진 현황 및 전망〉, KIEP 북경사무소 브리핑, Vol.16 No.6, KIEP, ISSN 2093-341X, 2016, 3~4쪽.

44 王爽, 〈习近平首次系统阐述'新常态'〉, 新华网, 2014年 11月 9日, http://news.xinhuanet.com/world/2014-11/09/c_1113175964.htm(검색일 2016년 10월 5일).

45 仝宗莉·唐述权, 〈国务院关于化解产能严重过剩矛盾的指导意见(全文)〉, 人民网, 2013年 10月 15日, http://politics.people.com.cn/n/2013/1015/c1001-23210728.html(검색일 2016년 10월 5일).

46 刘军涛, "《胡锦涛文选》第二卷主要篇目介绍", 人民网 - 人民日报, 2016年09月22日, 〈http://politics.people.com.cn/n1/2016/0922/c1001-28731301.html〉, (검색일: 2016년 10월 5일).

47 丁峰, 〈中美新型大国关系具有强大生命力〉, 新华网(인용: 南方日报), 2015年 9月 26日, http://news.xinhuanet.com/world/2015-09/26/c_1116686437.htm(검색일 2016년 10월 5일).

48 장가오리는 일대일로가 정층설계에 의해 진행됐다고 밝혔다. 刘阳, 〈张高丽: 扎实实施'一带一路'重大战略 努力打造全方位对外开放新格局〉, 新华网, 2014年 10月 10日, http://news.xinhuanet.com/politics/2014-10/10/c_1112771270.htm(검색일 2016년 6월 12일).

49 石国亮·刘晶, 〈宏观管理, 战略管理与顶层设计的辩证分析—兼论顶层设计的改革意蕴〉,《学术研究》2011年 10期, 广东省社会科学界联合会, 2011, 43~44页.

50 톈진천은 중국국가발전개발위원회 서부지역사 사장이다. 일대일로 전략의 정층설계와 중층설계에 대한 설명은 다음 자료를 통해 확인할 수 있다. 宋璟, 〈田锦尘: '一带一路'核心是共商, 共建, 共享〉, 发展观察家微信号, 2015年 12月 28日, http://news.hexun.com/2015-12-28/181463495.html(검색일 2016년 1월 27일).

51 邹春霞, 〈媒体盘点中共中央18个中字头小组习近平兼4组长〉, 北京青年报, 2014年 6月 23日, http://news.xinhuanet.com/legal/2014-06/23/c_126655711_2.htm(검색일 2016년 1월 27일).

52 李佳蕖, 〈习近平: 改革要做到'蹄疾而步稳'〉, 新华网, 2014年 1月 22日, http://news.12371.cn/2014/01/22/ARTI1390397598167237.shtml(검색일 2016년 1월 27일).

53 大河网, 〈一带一路领导班子'一正四副'名单首曝光〉, 新华网, 2015年 4月 6日, http://news.xinhuanet.com/city/2015-04/06/c_127660361.htm(검색일 2016년 1월 27일).

54 장가오리 부총리의 활동과 관련해서는 신화망 홈페이지 참조, http://www.xinhuanet.com/politics/leaders/zhanggaoli/zyjh.htm(검색일 2016년 1월 27일).

55 中华人民共和国中央人民政府, 〈国务院办公厅关于调整国家能源委员会组成人员的通知〉, 国办发 (2016) 46号, 2016年 6月 24日, http://www.gov.cn/zhengce/content/2016-06/24/content_5084930.htm(검색일 2016년 10월 3일).

56 储信艳, 〈张高丽任京津冀领导小组组长协调三地利益格局〉, 新京报, 2014年 8月 12日, http://news.china.com.cn/2014-08/12/content_33207495.htm(검색일 2016년 10월 3일).

57 省发改委交通处, 〈袁家军常务副省长参加国务院召开的推动长江经济带发展工作暨推动长江经济带发展领导小组第一次会议〉, 浙江省发展和改革委员会, 2015年 2月 13日, http://www.zjdpc.gov.cn/art/2015/2/13/art_719_711998.html(검색일 2016년 10월 3일).

58 大河网, 〈一带一路领导班子'一正四副'名单首曝光〉, 新华网, 2015年 4月 6日, http://news.xinhuanet.com/city/2015-04/06/c_127660361.htm(검색일 2016년 10월 3일).

59 刘阳, 〈张高丽: 扎实实施'一带一路'重大战略 努力打造全方位对外开放新格局〉, 新华网, 2014年 10月 10日, http://news.xinhuanet.com/politics/2014-10/10/c_1112771270.htm(검색일 2016년 10월 3일).

60 어우샤오리가 '실크로드 경제 벨트와 21세기 해상 실크로드의 전망 및 액션 플랜' 초고 작성자였다는 내용의 보도는 다음을 참조할 것. 〈'一带一路'规划起草人: 规划中不存在缺席省〉, 深圳特区报, 2015年 4月 22日, http://www.rmlt.com.cn/2015/0422/383283.shtml(검색일 2016년 3월 13일).

61 宋璟, 〈田锦尘: '一带一路'核心是共商, 共建, 共享〉, 发展观察家微信号, 2015年 12月 28日, http://news.hexun.com/2015-12-28/181463495.html(검색일 2016년 3월 13일).

62 人民日报, 〈习近平博鳌讲话: 共同创造亚洲和世界的美好未来〉, 2013年 4月 8日, http://www.qh.xinhuanet.com/2013-04/08/c_115299855.htm(검색일 2016년 3월 13

일).

63 张樵苏, 〈张高丽在第一次全国地理国情普查电视电话会议上强调 扎实开展地理国情普查 服务经济社会可持续发展〉, 2013年 8月 19日, 新华网, http://news.xinhuanet.com/politics/2013-08/19/c_117003425.htm(검색일 2016년 3월 13일).

64 王佳宁, 〈习近平在纳扎尔巴耶夫大学的演讲(全文)〉, 新华网, 2013年 9月 8日, http://news.xinhuanet.com/world/2013-09/08/c_117273079.htm(검색일 2015년 9월 14일).

65 商舒, 〈中国(上海)自由贸易试验区外资准入的负面清单〉, 《法学》 2014年 1期, 华东政法大学, 2014, 第1页.

66 人民网-财经频道, 〈国务院印发六项自贸区重磅政策文件〉, 2015年 4月 20日, http://finance.people.com.cn/n/2015/0420/c1004-26872651.html(검색일 2015년 9월 16일).

67 李忠, 〈在上海自贸区发行'丝路债券'初探-基于人民币国际化的视角〉, 《债券市场导报》 2015年 12月号, 上海证券交易所博士后工作站, 上海 200120, 2015, 第55页.

68 국가에너지국(国家能源局) 홈페이지, '国家能源局简介', http://www.nea.gov.cn/gjnyj/index.htm(검색일 2016년 11월 2일).

69 新华网, 〈国务院调整国家能源委员会组成人员〉, 2013年 7月 11日, http://news.xinhuanet.com/2013-07/11/c_116499600.htm(검색일 2016년 9월 12일).

70 王佳宁, 〈习近平任中央国家安全委员会主席〉, 新华网, 2014年 1月 24日, http://news.xinhuanet.com/2014-01/24/c_119122483.htm(검색일 2016년 11월 2일).

71 冯维江, 〈丝绸之路经济带战略的国际政治经济学分析〉, 《当代亚太》 2014年 6期, 中国社会科学院亚洲太平洋研究所; 中国亚洲太平洋学会, 2014, 第87页.

72 刘晓朋, 〈习近平会见俄罗斯总统普京〉, 新华网, 2014年 2月 7日, http://news.xinhuanet.com/world/2014-02/07/c_119220650.htm(검색일 2016년 9월 12일).

73 冯玉军, 〈乌克兰危机: 多维视野下的深层透视〉, 《国际问题研究》 2014年 3期, 中国国际问题研究所, 2014, 第48~49页.

74 苏向东, 〈国务院总理李克强 2014年《政府工作报告》(实录)〉, 中国网, 2014年 3月 5日, http://www.china.com.cn/news/2014lianghui/2014-03/05/content_31678795.htm(검색일 2016년 9월 12일).

75 王爽, 〈张高丽: 把黑龙江建成对俄及东北亚开放的桥头堡和枢纽站〉, 新华网, 2014年 3月 10日, http://news.xinhuanet.com/politics/2014-03/10/c_119699089.htm(검색일 2016년 9월 12일).

2. 일대일로의 탄생 비화

1 Gerda Jakštaitė, "Containment and engagemnt as middle-range theories", BALTIC JOURNAL OF LAW & POLITICS VOLUME 3, NUMBER 2 (2010) ISSN 2029-0405, pp.191-192.

2 Michael Greenfield Partem, "The Buffer System in International Relations", Law School, Hebrew University of Jerusalem, Journal of Conflict Resolution, March 1983; vol. 27, 1: p.3.

3 Ian Bremmer. "Every Nation For Itself: Winners and Losers in a G-Zero World", New York: Penguin., 2012, pp.115-123.

4 EU는 2015년 기준 정리, 이하 석유 관련 통계는 모두 BP Statistical Review of World Energy June 2016.

5 Colonel Richard J. Anderson, "A History of President Putin's Campaign to Re-nationalize Industry and the Implications for Russian Reform and Foreign Policy," U.S. Army War College, CARLISLE BARRACKS, PENNSYLVANIA 17013, 2008, pp.9-10.

6 유럽개발은행(EBRD) 공식 홈페이지, "History of the EBRD", http://www.ebrd.com/who-we-are/history-of-the-ebrd.html(검색일 2016년 9월 19일).

7 European Commission, "The Asian Infrastructure Investment Bank A New

Multilateral Financial Institution or a Vehicle for China's Geostrategic Goals", EPSC Strategic Notes, Issue 1, 2015, 24 April, p.4.

8 1993년 5월에는 캅카스 3국(아르메니아·아제르바이잔·조지아), 중앙아시아 5국(카자흐스탄·키르기스스탄·타지키스탄·투르크메니스탄·우즈베키스탄), 1996~1998년에는 우크라이나·몽골·몰도바, 2000년 3월에는 불가리아·루마니아·터키, 2009년 7월에는 이란이 TRACECA에 참여했다. 리투아니아는 2009년 6월부터 옵서버 국가로 TRACECA에 참여 중이다. 이란은 핵실험으로 경제제재를 받게 되면서 2016년 기준으로 2010년부터 실질적으로 진행되고 있는 프로젝트는 없다. TRACECA 공식 홈페이지, "History of TRACECA", http://www.traceca-org.org/en/traceca/history-of-traceca(검색일 2016년 9월 19일).

9 신범식, 〈푸틴 러시아의 근외정책: 중층적 접근과 전략적 균형화 정책을 중심으로〉, 《국제지역연구》 제14권 4호, 2005년 겨울, 한국외국어대학교 국제지역연구센터, 2005, 106쪽.

10 "From Vancouver to Vladivostok", "Euro-Atlantic Community", Christopher Len, "Understanding Japan's Central Asian Engagement", in Japan's Silk Road Diplomacy, Paving the Road Ahead, Central Asia-Caucasus Institute Silk Road Studies Program, Christopher Len, Uyama Tomohiko, Hirose Tetsuya Editors, 2008, p.34.

11 TRACECA 공식 홈페이지, "Baku Initiative", http://www.traceca-org.org/en/home/baku-initiative(검색일 2016년 9월 19일).

12 미국 의회 법안 자료 홈페이지, "H.R. 1152(106th): Silk Road Strategy Act of 1999", https://www.govtrack.us/congress/bills/106/hr1152/text/ih(검색일 2016년 8월 5일).

13 NATO(North Atlantic Treaty Organization), "Cooperative Security as NATO's Core Task", 7 September, 2011, http://www.nato.int/cps/en/natohq/topics_77718.htm(검색일 2016년 9월 19일).

14 CICA 홈페이지, "About CICA", http://www.s-cica.org/page.php?page_id=7&lang=1(검색일 2016년 9월 20일).

15 〈新亚欧大陆桥十五年发展历程〉, 大陆桥视野, 2007年 12期, 第31页.

16 China Daily, 〈Yuxi-Mengzi railway〉, 2013年 3月 18日, http://europe.chinadaily.com.cn/business/2013-03/18/content_16315434.htm(검색일 2016년 9월 21일).

17 李博, 〈泛亚铁路东盟通道建设的政治战略意义〉, 滇西科技师范学院学报 第24卷 第4期, 云南民族大学政治与公共管理学院, 2015年 11月, 第29-30页.

18 ERIA(Economic Research Institute for ASEAN and East Asia), Biswa N. Bhattacharyay, Prabir De, "Infrastructure for a Seamless Asia", ADBI Tokyo&RIS New Delhi, 10 September 2010, New Delhi, p.23.

19 1997년 중국·카자흐스탄·키르기스스탄·우즈베키스탄을 시작으로 1998년 타지키스탄, 2003년 아제르바이잔·몽골, 2005년 아프가니스탄, 2010년 파키스탄·투르크메니스탄 등 2016년 기준 10개국이 참여했다. CAREC 개발 개념도와 내용 인용은 CAREC 공식 자료집 참조. CAREC Transport and Trade Facilitation Strategy 2020, 12th Ministerial Conference on Central Asia Regional Economic Cooperation 23~24 October 2013, Astana, Kazakhstan, p.12, 14.

20 CAREC 홈페이지, "The CAREC Countries", http://www.carecprogram.org/index.php?page=carec-countries(검색일 2016년 9월 21일).

21 杨泽伟, 〈中国能源安全问题: 挑战与对应〉,《世界经济与政治》2008年 8期, 中国社会科学院世界经济与政治研究所, 2008年 6月 19日, 第52~53页 참고.

22 查道炯,《中国石油安全的国际政治经济学分析》, 当代世界与中国丛书, 当代世界出版社, 第1版, 2005年 4月 1日, 第16页.

23 《石油与国家安全》, 北京: 地震出版社, 2001年版(재인용: 杨泽伟, 〈中国能源安全问题: 挑战与对应〉,《世界经济与政治》2008年 8期, 中国社会科学院世界经济与政治研究所, 2008年 6月 19日, 第52页).

24 中共深圳市委深圳市人民政府, 〈功铸特区 情系深圳—纪念习仲勋同志诞辰100周年〉, 光明日报, 2013年 10月 22日, 7版, http://epaper.gmw.cn/gmrb/html/2013-10/22/nw.D110000gmrb_20131022_1-07.htm(검색일 2016년 4월 19일).

25 李文溥·陈婷婷·李昊,〈从经济特区到自由贸易区—论开放推动改革的第三次浪潮〉,《东南学术》, 2015年 第1期, 福建省社会科学界联合会, 2015, 第20页.

26 中共深圳市委深圳市人民政府,〈功铸特区 情系深圳—纪念习仲勋同志诞辰100周年〉, 光明日报, 2013年 10月 22日, 7版, http://epaper.gmw.cn/gmrb/html/2013-10/22/nw.D110000gmrb_20131022_1-07.htm(검색일 2016년 4월 22일).

27 李文溥·陈婷婷·李昊,〈从经济特区到自由贸易区—论开放推动改革的第三次浪潮〉,《东南学术》, 2015年 第1期, 福建省社会科学界联合会, 2015, 第20页.

28 中国改革信息库,〈开放14个沿海港口城市〉, http://www.reformdata.org/special/34/about.html(검색일 2016년 4월 22일).

29 新华社,〈1992年 明确建立市场经济〉, 新华每日电讯 1版, 2009年 9月 25日, http://news.xinhuanet.com/mrdx/2009-09/25/content_12110253.htm(검색일 2016년 4월 22일).

30 金昌龙·杨正毛,〈有观察有思考的主题策划—芜湖日报'纪念沿江对外开放城市20周年纪行'报道效果好〉, 人民网, 2012年 8月 1日, http://paper.people.com.cn/xwzx/html/2012-08/01/content_1148886.htm?div=-1(검색일 2016년 4월 22일).

31 李欣玉,〈国家统计局: 中国对外开放迈向新阶段, 经济合作更密切〉, 人民网, 2002年 9月 29日, http://www.people.com.cn/GB/jinji/31/179/20020929/834082.html(검색일 2016년 4월 22일).

32 페이샤오퉁(1910~2005)은 사회학자이자 민주연맹(民主聯盟)이라는 야당 소속이다. 1910년 11월 출생으로 베이징 대학의 전신인 베이핑 옌징 대학(北平燕京大學)에서 사회학 학사, 칭화 대학에서 석사, 1938년 영국 런던경제정치학원에서 사회인류학 박사학위를 받았다. 1957년 반우파투쟁에서 5대 우파로 몰려 활동을 중단했다. 1966~1976년 문화대혁명 기간에 하방 됐다가 1978년 덩샤오핑에 의해 복귀했다. 야당 출신으로 1987년 1월 제5차 민주연맹 중앙위원회 주석, 1988년 제7차 중국 전국인민대표대회 부위원장이 됐다. 中央政府门户网站,〈费孝通〉, 2008年 12月 2日, http://www.gov.cn/gjjg/2008-12/02/content_1165795.htm(검색일 2016년 3월 15일).

33 《费孝通全集》第十三卷, 内蒙古人民出版社, 呼和浩特, 2010年, 第56页, 第63页.

34 룽시후이랑은 칭하이 성과 간쑤 성의 경계-간쑤 성 간난(甘南)-쓰촨 성 아바(阿壩) 짱족창족자치주(藏族羌族自治州)-류장(六江), 《费孝通全集》第十二卷,内蒙古人民出版社,呼和浩特, 2010年, 第161页.

35 앞과 같음, 第366~367页.

36 《费孝通全集》第十一卷, 内蒙古人民出版社, 呼和浩特, 2010年, 第150-152页.

37 《费孝通全集》第十二卷, 内蒙古人民出版社, 呼和浩特, 2010年, 第164页.

38 马驰, 〈费孝通与'一带一路'战略设想〉, 中国民主同盟上海市委员会, 2015年 3月 20日, http://www.minmengsh.gov.cn/shmm/n39/n41/u1ai7876.html(검색일 2016년 3월 15일).

39 《费孝通全集》第十二卷, 内蒙古人民出版社, 呼和浩特, 2010年, 第366页, (재인용: 马驰, 〈费孝通与'一带一路'战略设想〉, 上海社会科学院思想文化研究中心, 上海, 200020, 第2页).

40 〈以东支西, 以西资东, 互利互惠, 共同发展〉, 앞과 같음, 第317页.

41 《费孝通全集》第十三卷, 内蒙古人民出版社, 呼和浩特, 2010年, 第53~54页.

42 马驰, 〈费孝通与'一带一路'战略设想〉, 中国民主同盟上海市委员会, 2015年 3月 20日, http://www.minmengsh.gov.cn/shmm/n39/n41/u1ai7876.html(검색일 2016년 3월 15일).

43 《费孝通全集》第十二卷, 内蒙古人民出版社, 呼和浩特, 2010年, 第366~367页.

44 〈积极推进沿线国家发展战略的相互对接〉, 中央政府门户网站, 〈经国务院授权三部委联合发布推动共建'一带一路'的愿景与行动〉, 2015年 3月 28日, http://www.gov.cn/xinwen/2015-03/28/content_2839723.htm(검색일 2015년 9월 30일).

45 黄超, 〈让宁夏的穆斯林企业走出去〉, 银川晚报, 2015年 4月 28日, http://www.nx.xinhuanet.com/2015-04/28/c_1115115768.htm(검색일 2016년 3월 16일).

46 2014년 닝샤의 수출입 총액은 54억 3500만 USD로 동기 대비 69퍼센트 증가했는데, 이 중 아랍권과의 수출입액은 6억 4000만 USD로 전체 액수의 11.8퍼센트를 차지했으

며, 동기 대비 2.8배의 증가 폭을 보였다. 李百军, 〈'一带一路'战略格局下宁夏的担当与作为〉, 人民网－中国共产党新闻网, 2015年 11月 23日, http://dangjian.people.com.cn/n/2015/1123/c117092-27844846.html(검색일 2016년 3월 16일).

47 페이샤오퉁 면담 내용은 马驰 上海社会科学院思想文化研究中心教授와의 인터뷰를 통해 기록함, 2016년 3월 10일.

48 陈钰, 〈'两个大局' 战略思想重塑中国经济地理〉, 《当代经济管理》 第36卷 第12期, 中国科学技术发展战略研究院, 北京 100038, 2014年 12月, 第72页.

49 孟国庆, 〈1989年蛇年, 中苏关系实现正常化〉, 洛阳网-洛阳晚报, 2013年 2月 5日, http://news.lyd.com.cn/system/2013/02/05/010227452.shtml(검색일 2016년 3월 16일).

50 페이샤오퉁과 당시 면담 내용은 马驰 上海社会科学院思想文化研究中心教授와의 인터뷰를 통해 기록함, 2016년 3월 10일.

51 〈新亚欧大陆桥十五年发展历程〉, 大陆桥视野, 2007年 12期, 第31页.

52 《费孝通全集》第十三卷, 内蒙古人民出版社, 呼和浩特, 2010, 第473-474页.

53 페이샤오퉁과 면담 내용은 马驰 上海社会科学院思想文化研究中心教授와의 직접 인터뷰를 통해 기록함, 2016년 3월 10일.

54 〈以上海为龙头, 江, 浙为两翼, 长江为脊梁, 以南方丝绸之路和西出阳关的欧亚大陆桥为尾闾的宏观设想〉, 《费孝通全集》 第十四卷, 内蒙古人民出版社, 呼和浩特, 2010年, 第59页.

55 夏春涛, 〈邓小平对外开放与防止'西化'辩证思想的意义及启示〉, 《东岳论丛》, 2014年 第6期, 관련 내용 확인은 중공중앙국가기관공작위원회 홈페이지 참조, http://www.zgg.org.cn/zggxx/xxchsh/zhengzhi/201407/t20140714_454001.html(검색일 2016년 3월 16일).

56 王诚·李鑫, 〈中国特色社会主义经济理论的产生和发展—市场取向改革以来学术界相关理论探索〉, 《经济研究》 2014年 6期, 中国社会科学院经济研究所; 中国社会科学院研究生院, 2014, 第156页.

57 黄群慧·余菁, 〈新时期的新思路:国有企业分类改革与治理〉, 《中国工业经济》

2013年 11期, 中国社会科学院工业经济研究所, 2013, 第6页.

58 董辅礽,《集权与分权—中央与地方关系的构建》, 经济科学出版社, 1996, 第5~6页.

59 刘绍英·张述凯,〈国家所有制下'政企分开'问题的思考〉,《经济研究导刊》2010年 19期, 山东工业职业学院, 2010, 第20页.

60 중국의 3대 에너지 국영기업의 상황은 다음의 논문을 참고하기 바람. 吴宏·冯吉祥,〈石油行业海外并购对企业绩效的影响—基于中石油, 中石化和中海油的实证研究〉,《国际贸易问题》2012年 12期, 浙江财经学院, 2012, 第126页.

61 중국중철의 조직도와 관련 회사 소개는 중국중철주식유한공사의 공식 홈페이지 참조, 中国中铁股份有限公司, http://www.crecg.com/tabid/342/Default.aspx(검색일 2016년 8월 25일).

62 중국철건의 조직도와 관련 회사 소개는 중국철건주식유한공사(CRCC)의 공식 홈페이지 참조, 中国铁建股份有限公司, http://www.crcc.cn/g304.aspx(검색일 2016년 8월 25일).

63 중국수리수전건설주식유한공사(Sinohydro Group Ltd.)의 회사 소개와 조직도는 공식 홈페이지 참조, 中国水利水电建设股份有限公司, http://www.sinohydro.com(검색일 2016년 8월 25일).

64 중국건축은 중국의 국내외 인프라 건설 국영기업으로 호텔, 체육, 부동산, 의료, 대사관, 공업, 국방군사 분야의 건설과 철로교통, 고속철도, 특대형 교량, 고속도로, 도시 간 회랑, 항구와 항선, 전력, 광산, 야금, 석유화공, 공항, 원자력발전소 등 중국의 핵심 인프라 건설에 참여하고 있다. 中国建筑工程总公司简介, 2016年 5月 5日, http://www.cscec.com.cn/art/2016/5/5/art_9_273279.html(검색일 2016년 8월 25일).

65 중국교통건설주식유한공사의 조직도와 회사 소개는 공식 홈페이지 참조, 中国交通建设股份有限公司, http://en.ccccltd.cn/ccccltd/aboutus/gsgk_558(검색일 2016년 8월 25일).

66 중국의 '3대 전략'에 대한 소개는 다음 논문을 참고하기 바람. 张宇炎,〈中国对'安

哥拉模式'管理政策变化分析〉,《国际观察》, 2012年 第1期, 中华人民共和国教育部, 2012, 第61~62页.

67 龚雪蓉·邱江崚, 〈中石油对外投资的政治风险分析〉,《对外经贸实务》2009年 9期, 西安石油大学, 长庆油田机关事务管理中心, 2009, 第73页.

68 中国国际贸易促进委员会加拿大代表处, 〈中国企业并购加拿大资源业公司案例汇编(1993~2010年 1月)〉, 2010年 11月 27日, http://daibiaochu.ccpit.org/Contents/Channel_1387/2010/1127/279206/content_279206.htm(검색일 2016년 8월 25일).

69 杨泽伟, 〈中国能源安全问题: 挑战与对应〉,《世界经济与政治》2008年 8期, 中国社会科学院世界经济与政治研究所, 2008年 6月 19日, 第53页.

70 稿件来源: 新华网, 〈加快改革开放和现代化建设步伐, 夺取有中国特色社会主义事业的更大胜利〉, 江泽民在中国共产党第十四次全国代表大会上的报告(1992年 10月 12日), http://news.xinhuanet.com/zhengfu/2004-04/29/content_1447497.htm(검색일 2016년 9월 7일).

71 朱文晖,《走向竞合: 珠三角与长三角经济发展比较》, 清华大学出版社, 2003, 第161页.

72 上海市地方志办公室,《上海对外经济贸易志》, 第11卷, http://www.shtong.gov.cn/node2/node2245/node74728/node74741/index.html(검색일 2016년 9월 7일).

73 상하이 자유무역시험구 공식 홈페이지 참조, http://www.china-shftz.gov.cn/Homepage.aspx(검색일 2016년 9월 7일).

74 〈新亚欧大陆桥十五年发展历程〉, 大陆桥视野, 2007年 12期, 第31页.

75 이영빈, 〈상하이협력기구(SCO)〉, 홍완석 · 김은미 · 한은영 · 김유정 · 조영기 · 오상호 · 이영빈,《중앙아시아 지역 다자협력기구》, KIEP-HUFS 국제지역대학원 중앙아시아 · 몽골 지역 전문가 양성 프로그램, 한국외국어대학교 러시아 · CIS연구소, 2013, 146~148쪽.

76 〈新欧亚大陆桥国际协调机制〉, 〈新亚欧大陆桥十五年发展历程〉, 大陆桥视野, 2007年 12期, 第31页.

77 신범식, 〈푸틴 러시아의 근외 정책: 중층적 접근과 전략적 균형화 정책을 중심으

로〉,《국제지역연구》14권 4호, 2005 겨울, 한국외국어대학교 국제지역연구센터, 2005, 113~114쪽.

78 巩序正,〈从'安大线'之争看中国石油外交战略〉,《国际论坛》, 2003年 第5卷 第6期, 复旦大学国际关系与公共事物学院, 2003, 第46~47页.

79 앞과 같음.

80 徐世刚, "从中俄石油管道项目'安大线'的夭折看中日能源战略竞争",《哈尔滨工业大学学报(社会科学版)》2006年01期, 哈尔滨工业大学, 2006, 第35页.

81 강태호, 강재홍, 송인걸, 손원제, 최현준, 이성우, 박성준, 이창주, 강재훈, 이종근, 신소영, 류우종,《북방 루트 리포트》, 돌베개, 2014.12.29., p.40.

82 杨泽伟, "中国能源安全问题：挑战与对应",《世界经济与政治》2008年08期, 中国社会科学院世界经济与政治研究所, 2008年6月19日, 第55页.

83 国务院,《国务院关于成立国家能源领导小组的决定》, 国发 (2005) 14号, 2005年 5月 13日, 乐山人民政府网站, http://www.leshan.gov.cn/lsszww/gwywj/201609/b1f7696b09ed40f48bf5919026ac9bce.shtml(검색일 2016년 9월 25일).

84 综合,〈中国再次大规模减免他国债务已减免非洲国家200多亿〉, infzm, 2010年 9月 24日, http://www.infzm.com/content/50494(검색일 2016년 9월 25일).

85 Martyn Davies, "How China is Influencing Africa's Development", Background Paper for the Perspectives on Global Development 2010 Shifting Wealth, OECD DEVELOPMENT CENTRE, April 2010, pp.5~6.

86 张力奋,〈中国不是新殖民主义〉, FT中文网, 2011年 9月 16日, http://www.ftchinese.com/story/001040725?full=y(검색일 2016년 8월 17일).

87 Marcia Underwood of the Brookings Institution with data compiled from the U.S. Energy Information Agency's China Report 2012, http://www.eia.gov/countries/cab.cfm?fips=CH, 관련 그림 출처는 http://www.vox.com/2014/9/3/6101885/middle-east-now-sells-more-oil-to-china-than-to-the-us(검색일 2016년 9월 22일).

88 杨泽伟,〈中国能源安全问题: 挑战与对应〉,《世界经济与政治》2008年 8期, 中国社会科学院世界经济与政治研究所, 2008年 6月 19日, 第55页.

89 중국은 2002년 허베이 성과 톈진 항에 드라이 포트를 실시하면서 본격적으로 드라이 포트 운영을 시작했다. 翟志伟,《我国内陆无水港发展模式及竞争力评价研究》, 大连海事大学, 交通运输规划与管理, 2011, 硕士毕业论文, 第2页.

90 圣才学习网 · 物流类, 〈'虚拟空港'是这样诞生的〉, 2010年 8月 8日, http://wl.100xuexi.com/view/examdata/20100808/4E143577-2233-4EBA-ADB5-9A3C5A0BF4DD.html(검색일 2016년 9월 26일).

91 胡柳君 · 黄威, 〈'一带一路': 哈萨克斯坦选择陆海交汇的连云港〉, 中国水运网, 2014年 5月 20日, http://old.zgsyb.com/html/news/2014/05/1601652.html(검색일 2016년 9월 26일).

92 王倩, 〈阿拉山口综保区入园企业达41家发展势头强劲〉, 阿拉山口综保区, 2015年 8月 11日, http://www.alsk.gov.cn/news/2015/08/11/3455.html(검색일 2016년 9월 26일).

93 新华社, 〈李克强与俄罗斯伏尔加河沿岸联邦区地方领导人座谈〉, 中央政府门户网站, 2012年 4月 30日, http://www.gov.cn/ldhd/2012-04/30/content_2127085.htm(검색일 2015년 9월 30일).

94 앞과 같음, 31~36쪽. 관련 내용은 필자가 번역, 편집함.

95 韩宏, 〈现代'丝绸之路'明年开建〉, 文汇报, 2007年 10月 10日, 중국인민일보 홈페이지, http://finance.people.com.cn/GB/6362076.html(검색일 2016년 9월 27일).

96 林红梅, 〈实施海洋开发建设海洋强国〉, 中国网, 2005年 7月 12日, http://www.china.com.cn/chinese/OP-c/912868.htm(검색일 2016년 9월 27일).

97 진주목걸이 전략은 2004년 미국의 컨설팅 회사 부즈 앨런 해밀턴(Booz Allen Hamilton)이 인도양 해역 관련 내용을 다룬《아시아의 에너지 미래》라는 책에 제시된 일종의 가설이었다. Virginia Marantidou, "Revisiting China's 'String of Pearls' Strategy: Places 'with Chinese Characteristics' and their Security Implications", Pacific Forum CSIS, Issues & Insights Vol. 14-No. 7, June 2014, p.3.

98 이주호, 〈중국 일대일로 전략과 활용방안-항만 분야를 중심으로〉, 《중국(주유 성별) 일대일로 계획과 활용방안》, KMI 주최 2015년 9월 중국지역물류세미나 자료집, 76쪽.

99 U.S. Department of State, "Remarks on India and the United States: A Vision for the 21st Century", Hillary Rodham Clinton Secretary of State, Anna Centenary Library, Chennai, India, July 20 2011, http://www.state.gov/secretary/20092013clinton/rm/2011/07/168840.htm(검색일 2016년 10월 2일).

100 刘玉·冯健, 〈跨区资源调配工程的区域利益关系探讨-以西电东送南通道为例〉, 《自然资源学报》, 2008年 3期, 中国自然资源学会, 2008, 第545页.

101 중국 내 송유관 길이는 2001년 2만 7600킬로미터에서 2014년 10만 5700킬로미터로 증가했다. 〈중국통계연감〉(2015), 필자가 계산함.

102 중국은 2008년부터 국내에 고속철로를 건설하기 시작했다. 2008년에 중국 전체 철로 길이 7만 9700킬로미터 중 고속철로는 0.07킬로미터로, 전체 철로 길이의 0.9퍼센트를 차지했다. 2014년에는 중국 전체 철로 길이 11만 1800킬로미터 가운데 고속철로 길이는 1만 6500킬로미터로 전체 철로 길이의 14.8퍼센트를 차지했다. 〈중국통계연감〉(2015), 필자가 계산하고 편집함.

103 孙威·林晓娜·张平宇, 〈'四大板块'战略实施效果评估与 '十三五'规划建议〉, 《中国科学院院刊》, 专题: 〈十三五〉 区域发展战略研, 2016年 第31卷 第1期, 中国科学院, 2015, 第13页.

104 政策研究室子站, 〈关于国家级新区发展情况的调研报告〉, 2016年 9月 21日, http://www.sdpc.gov.cn/xwzx/xwfb/201609/t20160921_819174.html(검색일 2016년 10월 3일).

105 김은화, 〈중국의 경제발전 시범구역 설립 현황과 시사점〉, 《중국 금융시장 포커스》 2014년 가을호, 자본시장연구원, 1~2쪽.

106 카자흐스탄 주재 대한민국대사관 홈페이지 자료, 〈카자흐스탄 2050 전략〉, http://kaz.mofat.go.kr/webmodule/common/download.jsp?boardid=3348&tablename=TYPE_LEGATION&seqno=03106400df8106cfd9fe5fee&fileseq=f8503a045017042042feb017(검색일 2016년 10월 3일).

107 李永全, 〈上合组织—欧亚稳定的重要因素〉, 新华网, 2016年 6月 22日, http://news.xinhuanet.com/world/2016-06/22/c_129080514.htm(검색일 2016년 10월 3일).

108 신범식, 〈푸틴 러시아의 근외 정책: 중층적 접근과 전략적 균형화 정책을 중심으로〉, 《국제지역연구》 14권 4호, 2005 겨울, 한국외국어대학교 국제지역연구센터, 2005, 125쪽.

109 윤인상, 〈러시아·미국·유럽·중국, 투르크메니스탄 천연가스 확보 쟁탈전〉, 가스신문, 2007년 2월 26일, http://www.gasnews.com/news/articleView.html?idxno=32220(검색일 2016년 10월 3일).

110 중국과 투르크메니스탄의 무역액은 2007년 3억 5000만 달러로 2006년 대비 97.5퍼센트 증가했다. CCTV, 〈胡锦涛访问哈萨克斯坦与土库曼斯坦〉, http://news.cctv.com/special/hjt1212/01/index.shtml(검색일 2016년 10월 3일).

111 KBS 글로벌 진단 '위기의 시대' 3부작 다큐멘터리, 3부 〈에너지 패권전쟁〉, 2011년 11월 22일, KBS 1TV.

112 王玉主, 《'一带一路'与亚洲一体化模式的重构》, 中国社会科学院 一带一路 研究系列智库报告, 中国社会科学院出版社, 2015, 第13~14, 19~20页.

113 中华人民共和国驻马来西亚大使馆, 〈东亚合作联合声明〉, 1999年 11月 28日, http://www.fmprc.gov.cn/ce/cemy/chn/zt/dyhzzywj/dmxlfh1999/t299337.htm(검색일 2016년 10월 3일).

114 王俊景, 〈东亚合作联合声明—深化东盟与中日韩合作的基础〉, 新华网(出处: 中华人民共和国外交部), 2016年 6月 29日, http://news.xinhuanet.com/world/2016-06/29/c_129101010.htm(검색일 2016년 10월 3일)

115 新华社, 〈朱镕基: '10+3'合作五点建议〉, 2001年 11月 5日, http://www.china.com.cn/chinese/2001/Nov/72728.htm(검색일 2016년 10월 3일).

116 산업통상자원부, 중국의 FTA 추진 현황, http://www.fta.go.kr/cn/apply/1(검색일 2016년 9월 28일).

117 张铁群, 〈温家宝在第十四次东盟与中日韩领导人会议上的讲话〉, 新华网, 2011年 11月 18日, http://news.xinhuanet.com/politics/2011-11/18/c_111178333.htm(검

색일 2016년 9월 28일).

118 康霖·罗亮, 〈中国—东盟海上合作基金的发展及前景〉, 《国际问题研究》 2014年第5期, 中国国际问题研究所, 2014年 10月 14日, http://www.ciis.org.cn/gyzz/2014-10/14/content_7294831.htm(검색일 2016년 9월 28일).

119 邓永胜, 〈海洋局专家: 中国建设'强而不霸'新型海洋强国〉, 中国海洋报, 2012年 11月 10日, http://www.chinanews.com/gn/2012/11-10/4318259.shtml(검색일 2016년 9월 28일).

120 王玉主, 《'一带一路'与亚洲一体化模式的重构》, 中国社会科学院 一带一路 研究系列智库报告, 中国社会科学院出版社, 2015, 第15页.

121 APEC 공식 홈페이지 자료, "Annex A-The Beijing Roadmap for APEC's Contribution to the Realization of the FTAAP", http://www.apec.org/meeting-papers/leaders-declarations/2014/2014_aelm/2014_aelm_annexa.aspx(검색일 2016년 9월 28일).

122 아세안경제공동체(ASEAN Economic Community)는 2015년 12월에 설립됐다. The ASEAN Secretariat, "MASTER PLAN ON ASEAN CONNECTIVITY", Master Plan on ASEAN Connectivity, Jakarta: ASEAN Secretariat, January 2011, p.1.

123 张铁群, 〈温家宝在第十四次东盟与中日韩领导人会议上的讲话〉, 新华网, 2011年 11月 18日, http://news.xinhuanet.com/politics/2011-11/18/c_111178333.htm(검색일 2016년 9월 28일).

124 ASEAN 홈페이지 자료, "Leaders' Statement on ASEAN Plus Three Partnership on Connectivity", http://www.asean.org/storage/images/documents/Leaders%E2%80%99%20Statement%20on%20ASEAN%20Plus%20Three%20Partnership%20on%20Connectivity.pdf(검색일 2016년 7월 4일).

125 CAREC·ADB, "CAREC Transport and Trade Facilitation Strategy 2020", 12th Ministerial Conference on Central Asia Regional Economic Cooperation, 23~24 October 2013, Astana, Kazakhstan.

126 中国-东盟环境保护合作中心, 〈上海合作组织中期发展战略规划〉, 2012年 6月 7日, http://www.csecc.org.cn/Uploads/other/20151104/%25E6%2596%2587%25E4%25BB%25B64%25E2%2580%2594%25E4%25B8%258A%25E6%25B5%25B7%25E5%2590%2588%25E4%25BD%259C%25E7%25BB%2584%25E7%25BB%2587%25E4%25B8%25AD%25E6%259C%259F%25E5%258F%2591%25E5%25B1%2595%25E6%2588%2598%25E7%2595%25A5%25E8%25A7%2584%25E5%2588%2592.docx+&cd=2&hl=ko&ct=clnk&gl=jp(검색일 2016년 7월 4일).

127 张铁群, 〈胡锦涛在上合组织成员国元首理事会第十二次会议上的讲话(全文)〉, 新华网, 2012年 6月 7日, http://news.xinhuanet.com/politics/2012-06/07/c_112146531.htm(검색일 2016년 9월 30일).

128 卢毅然, 〈六人获'丝绸之路人文合作奖'〉, 中国文化报, 2012年 6月 7日, http://www.ce.cn/culture/gd/201206/07/t20120607_23388244.shtml(검색일 2016년 9월 30일).

129 吕路阳, 〈福州海上丝绸之路, 三坊七巷被列入世遗预备名单〉, 福州日报, 2012年 11月 23日, http://district.ce.cn/newarea/roll/201211/23/t20121123_23875697.shtml(검색일 2016년 9월 30일).

130 应妮, 〈中国六省区就'丝绸之路'遗产保护达成联合协定〉, 中国新闻网, 2013年03月04日, http://district.ce.cn/newarea/roll/201303/04/t20130304_24165890.shtml(검색일 2016년 9월 30일).

131 APEC 공식 홈페이지, "2012 Leaders' Declaration", Vladivostok, Russia, 8 Sep 2012, http://www.apec.org/meeting-papers/leaders-declarations/2012/2012_aelm.aspx(검색일 2016년 9월 30일).

132 中国新闻网, 〈胡锦涛在APEC峰会演讲: 深化互联互通, 实现持续发展〉, 2012年 9月 8日, http://www.chinanews.com/cj/2012/09-08/4168462.shtml(검색일 2016년 9월 30일).

133 연합뉴스, 〈17년 만의 미연방정부 셧다운, 어떤 일 벌어지나〉, 2013년 10월 1일, http://www.yonhapnews.co.kr/bulletin/2013/10/01/0200000000A

KR20131001008400071.html(검색일 2016년 10월 1일).

134 이승주, 〈2013 APEC 정상회의 평가〉, 《정세와 정책》, 2013년 11월호, 세종연구소, 2013, 10쪽.

135 新华网, 〈习近平主持召开中央财经领导小组第八次会议〉, 2014年 11月 6日, http://politics.people.com.cn/n/2014/1106/c70731-25989646.html(검색일 2016년 10월 1일).

136 刘绪尧, 〈习近平在'加强互联互通伙伴关系'东道主伙伴对话会上的讲话(全文)〉, 新华网, 2014年 11月 8日, http://news.xinhuanet.com/world/2014-11/08/c_127192119.htm(검색일 2016년 10월 1일).

137 周光扬, 〈李克强在第十七次中国 - 东盟(10+1)领导人会议上的讲话(全文)〉, 新华网, 2014年 11月 14日, http://news.xinhuanet.com/world/2014-11/14/c_1113240171.htm(검색일 2016년 10월 1일).

3. 일대일로의 미래 그리고 한국

1 United Nations Economic and Social Commission for Asia and the Pacific(UN ESCAP), Study on Development of the Trans-Asian Railway: Trans-Asian Railway in the North-South Corridor-Northern Europe to the Persian Gulf, 2001, 1 January 2001, p.2, http://www.unescap.org/resources/development-trans-asian-railway-trans-asian-railway-north-south-corridor-northern-europe(검색일 2016년 7월 22일).

2 白羽, 〈授权发布: 中共中央关于全面深化改革若干重大问题的决定〉, 2013年 11月 15日, http://zj.people.com.cn/n/2015/0909/c186806-26301870-14.html(검색일 2016년 9월 12일).

3 新华社, (2015年 10月 29日 中国共产党第十八届中央委员会第五次全体会议通过) 中共中央关于制定国民经济和社会发展第十三个五年规划的建议, 2015年 11月 3日,

http://news.xinhuanet.com/fortune/2015-11/03/c_1117027676.htm(검색일 2016년 7월 22일).

4 열세 개의 현대 서비스업은 물류, 무역 서비스 및 전시, 정보 서비스, 해양 서비스, 전자상거래, 금융, 과학기술, 교육, 문화 창조 및 디자인, 에너지 절약 및 환경보호, 관광 및 스포츠 레저, 건강 및 실버 서비스, 부동산을 의미한다. 광시좡족자치구 당위원회에서 일대일로를 위한 산업 전환의 개념으로 제시했다. 동부 연해 산업 조정과 연관해 항목을 인용했다. 童政·周骁骏, 〈广西重点发展13个服务产业〉, 中国经济网, 经济日报, 2015年 6月 1日, http://www.ce.cn/xwzx/gnsz/gdxw/201506/01/t20150601_5516342.shtml(검색일 2016년 7월 22일).

5 충칭은 2015년 11퍼센트의 경제성장률을 기록하며 중국판 디트로이트로 개발되고 있다. 오광진, 〈리커창이 극찬한 충칭 경제…… '충칭, 훠궈처럼 뜨겁다'〉, 조선비즈, 2016년 3월 9일, http://biz.chosun.com/site/data/html_dir/2016/03/09/2016030902702.html(검색일 2016년 9월 12일).

6 〈积极推进沿线国家发展战略的相互对接〉, 中央政府门户网站, 〈经国务院授权三部委联合发布推动共建'一带一路'的愿景与行动〉, '六, 中国各地方开放态势', 2015年 3月 28日, http://www.gov.cn/xinwen/2015-03/28/content_2839723.htm(검색일 2015년 9월 28일).

7 이주호, 〈중국 해양실크로드 전략과 활용방안〉, KMI 발표 자료, 2015년 12월 16일, 12쪽.

8 交通建设与管理, 〈'交通基础设施重大工程建设三年行动计划'印发〉, 2016年 5月 9日, http://www.chinahighway.com/news/2016/1018172.php(검색일 2016년 7월 22일).

9 시진핑은 2016년 8월 17일 일대일로 건설 관련 국가회의에서 '녹색 실크로드, 건강 실크로드, 스마트 실크로드, 평화 실크로드' 건설을 주장했다. 魏敏, 〈我国新增七个自贸区, 增加差异化试点任务〉, 央广网, 2016年 9月 1日, http://district.ce.cn/newarea/roll/201609/01/t20160901_15478618.shtml(검색일 2016년 11월 2일).

10 관련 자료 편집과 재구성은 필자가 했다. 综合联发(Unie D) 자료 참고, (재인용: 이창

주·김범중, 〈상하이 자유무역구 설립 1년: 통관제도 개혁의 평가와 시사점〉, KMI 중국 물류 리포트 제14~11호, 2014년 10월 27일, 7쪽).

11 이창주·김범중, 〈상하이 자유무역구 설립 1년: 통관제도 개혁의 평가와 시사점〉, KMI 중국 물류 리포트 제14~11호, 2014년 10월 27일, 4쪽.

12 新华每日电讯1版, 〈习近平就'一带一路'建设提8项要求〉, 2016年 8月 18日, http://news.xinhuanet.com/mrdx/2016-08/18/c_135609953.htm(검색일 2016년 11월 22일).

13 연합뉴스, 'BRICs-벵골 만 기술경제협력체 합동회의', 2016년 10월 17일, http://v.media.daum.net/v/20161017133318221?f=o(검색일 2016년 11월 13일).

14 李川川, 〈中巴经济走廊建设'1+4'成关键〉, 中华铁道网, 2015年 4月 24日, http://www.chnrailway.com/html/20150424/955705.shtml?cid=20(검색일 2016년 7월 22일).

15 徐伟, 〈中巴经济走廊建设硕果累累-习近平主席去年4月对巴基斯坦的访问, 开辟中巴合作共赢新征程〉, 人民网-人民日报, 2016年 2月 19日, http://world.people.com.cn/n1/2016/0219/c1002-28134840.html(검색일 2016년 7월 22일).

16 2015년 1월 히말라야 경제환 프로젝트(环喜马拉雅经济合作带), 丁峰, 〈西藏打造环喜马拉雅经济合作带, 构建开放型经济新格局〉, 新华网, 2015年 1月 19日, http://news.xinhuanet.com/local/2015-01/19/c_1114048739.htm; Tshering Chonzom Bhutia, "Tibet and China's 'Belt and Road'", The Diplomat, 30 August 2016, http://thediplomat.com/2016/08/tibet-and-chinas-belt-and-road(검색일 2016년 9월 12일).

17 Kate Drew, "This is what Trump's border wall could cost US", CNBC, Friday 9 October 2015, http://www.cnbc.com/2015/10/09/this-is-what-trumps-border-wall-could-cost-us.html(검색일 2016년 7월 22일).

18 徐倩, 〈习近平推进'一带一路'建设,蛮拼的〉, 新华网, 2016年 4月 3日, http://news.xinhuanet.com/world/2016-04/03/c_128860603.htm(검색일 2016년 11월 13일).

19 장재은, 〈세계 최대 무역협정 TPP 끝내 폐기…… '오바마, TPP 비준 추진 포기'〉, 연

합뉴스, 2016년 11월 12일, http://www.yonhapnews.co.kr/bulletin/2016/11/12/0200000000AKR20161112038500009.HTML?input=1195m(검색일 2016년 11월 13일).

20 김병수, 〈(트럼프 당선) '미국우선주의'에 미-유럽 안보동맹·TTIP 협상 격변 예고〉, 연합뉴스, 2016년 11월 9일, http://www.yonhapnews.co.kr/bulletin/2016/11/09/0200000000AKR20161109132100098.HTML?input=1195m(검색일 2016년 11월 13일).

21 王佳宁, 〈走亲访友话合作 携手发展创未来—外交部长王毅谈习近平主席对蒙古国进行国事访问〉, 新华网, 2014年 8月 22日, http://news.xinhuanet.com/world/2014-08/22/c_1112196289.htm(검색일 2016년 11월 13일).

22 郑汉星, 〈英国期待成为'一带一路'的西端支撑点〉, 中国经济网 经济日报, 2015年 10月 24日, http://www.ce.cn/xwzx/gnsz/gdxw/201510/24/t20151024_6793391.shtml(검색일 2016년 11월 13일).

23 쉬슈쥔(徐秀軍) 중국사회과학원 세계경제 및 정치연구소 국제정치경제학연구실 부주임은 APEC이 일대일로 구상에 포함된다고 주장했다. 시진핑은 페루에서 개최된 APEC 정상회담에서 일대일로와 연계성을 강조함으로써 남미를 포함한 아시아태평양 지역 역시 일대일로에 참여할 것을 종용했다. 페루는 중국의 일대일로가 남미에까지 연장되기를 희망한다고 발언했다. 徐秀军 中国社会科学院世界经济与政治研究所国际政治经济学研究室副主任, 〈当'一带一路'遇上APEC: 共促亚太发展新格局〉, 新华网, 2016年 11月 19日, http://news.xinhuanet.com/world/2016-11/19/c_135840617.htm(검색일 2016년 11월 22일); 贡萨洛·古铁雷斯·雷内尔, 〈秘鲁期望将中国'一带一路'构想扩展到拉美海岸〉, 人民网-国际频道, 2016年 1月 5日, http://world.people.com.cn/n1/2016/0105/c1002-28014861.html(검색일 2016년 11월 22일).

24 United Nations Economic and Social Commission for Asia and the Pacific(UN ESCAP), Study on Development of the Trans-Asian Railway: Trans-Asian Railway in the North-South Corridor-Northern Europe to the Persian Gulf, 2001, 1 January 2001, p.2, http://www.unescap.org/resources/development-trans-asian-railway-trans-asian-railway-north-south-corridor-northern-europe(검색일 2016년 7월 22일).

25 〈积极推进沿线国家发展战略的相互对接〉, 中央政府门户网站, 〈经国务院授权三部委联合发布推动共建'一带一路'的愿景与行动〉, '六, 中国各地方开放态势', 2015年 3月 28日, http://www.gov.cn/xinwen/2015-03/28/content_2839723.htm(검색일 2015년 9월 10일).

26 이주호, 〈중국 해양실크로드 전략과 활용방안〉, KMI 발표 자료, 2015년 12월 16일, 19쪽.

27 Carrie Kahn, "A Chinese Man, A $50 Billion Plan And A Canal To Reshape Nicaragua", NPR, 14 August 2014, http://www.npr.org/sections/parallels/2014/08/14/340402716/nicaragua-banks-on-its-own-canal-to-boost-economy(검색일 2016년 11월 22일).

28 박지원, 고미숙 · 김풍기 · 길진숙 옮김, 《열하일기》 상, 그린비, 2008, 52쪽.

29 王爽, 〈张高丽: 把黑龙江建成对俄及东北亚开放的桥头堡和枢纽站〉, 新华网, 2014年 3月 10日, http://news.xinhuanet.com/politics/2014-03/10/c_119699089.htm(검색일 2015년 9월 24일).

30 国务院, 〈国务院关于深入推进实施新一轮东北振兴战略加快推动东北地区经济企稳向好若干重要举措的意见, 国发 (2016) 62号〉, 中华人民共和国中央人民政府网站, 2016年 11月 1日, http://www.gov.cn/zhengce/content/2016-11/16/content_5133102.htm(검색일 2016년 11월 22일).

31 中华工商时报, 〈北京-莫斯科高铁蓝图四个猜想: 各负其责VS中国包揽〉, 2014年 10月 21日, http://www.chinanews.com/cj/2014/10-21/6700635.shtml(검색일 2016년 11월 22일).

32 参考消息网, 〈外媒: 中俄将建7000公里铁路 途经三国到北京〉, 2014年 10月 13日, http://finance.ifeng.com/a/20141013/13180399_0.shtml(검색일 2016년 11월 22일).

33 이창주 · 김범중, 〈中外中 물류 환경 변화와 나진 · 부산항 연계 전략〉, KMI 중국 물류 리포트 제14~12호, 2014년 11월 24일, 6쪽.

34 중국 해관 홈페이지 참조, 〈关于吉林省开展内贸货物跨境运输试点〉, 海关总署公

告 2010年 第49号, 2010年 8月 4日, http://www.customs.gov.cn/publish/portal99/tab4744/info268226.htm(검색일 2015년 11월 1일).

35 중국 해관 홈페이지, 〈关于拓展内贸货物跨境运输试点业务范围的公告〉, 总署公告 (2014) 42号, 2014年 5月 30日, http://www.customs.gov.cn/publish/portal0/tab49564/info708828.htm(검색일 2015년 11월 1일).

36 王萌萌, 〈习近平同印度尼西亚总统苏西洛举行会谈〉, 新华网, 2013年 10月 2日, http://news.xinhuanet.com/world/2013-10/02/c_117587755.htm(검색일 2015년 9월 16일).

37 강세영, 〈박 대통령 '북, 핵 포기하면 국제사회와 동북아개발은행 추진'(종합)〉, TBS, 2015년 9월 9일, http://www.tbs.seoul.kr/news/bunya.do?method=daum_html2&typ_800=9&seq_800=10108270(검색일 2016년 11월 22일).

38 김유리, 〈동북아 개발과 금융 협력: 다자개발은행(MDB) 활용방안〉, 《수은북한경제》 2015년 여름호, 한국수출입은행, 2015, 2쪽.

39 전재호, 〈김용 WB 총재 '나도 이산가족…… 동북아개발은행 지지'〉, 조선비즈, 2015년 10월 9일, http://biz.chosun.com/site/data/html_dir/2015/10/09/2015100900025.html(검색일 2016년 11월 22일).

40 中华人民共和国商务部网站, 〈朴槿惠会见亚投行候任行长金立群〉, 韩联社, 2015年 9月 11日, http://www.mofcom.gov.cn/article/i/jyjl/j/201509/20150901110053.shtml(검색일 2016년 11월 22일).

41 1990년대 초반 두만강지역개발계획이 UNDP에 의해 연구 지원을 받기 시작했는데, 두만강개발계획(TRADP)으로 진행됐다가 2005년 후진타오 당시 중국 주석에 의해 확장됐다. 북한도 광역두만강개발계획(GTI)에 참여하다가 2009년 11월에 탈퇴했다. 배종렬, 〈두만강지역개발사업의 진전과 국제협력 과제〉, 《수은북한경제》 2009년 겨울호, 한국수출입은행, 2009, 56~57쪽.

42 윤세미, 〈일본, 러시아 극동 지방 인프라 투자 계획〉, 아주경제, 2016년 11월 2일, http://www.ajunews.com/view/20161102091824830(검색일 2016년 11월 22일).

43 곽태환, 〈북 핵, '4자 평화 포럼'이 돌파구다〉, 통일뉴스, 2015년 12월 10일, http://www.tongilnews.com/news/articleView.html?idxno=114755(검색일 2016년 11월 22일).

44 관련 내용은 일부 내가 출판한 자료를 보충해서 작성했다. 이창주, 《변방이 중심이 되는 동북아 신네트워크》, 산지니, 2014, 255~265쪽.

부록. 실크로드 공간 위의 국제정치

1 유엔 자료집, Statement by H.E. Mr. Nursultan A. Nazarbayev President of the Republic of Kazakhstan during the general debate at the Sixty-second Session of the United Nations General Assembly, New York, 25 September, 2007, p.4, http://www.un.org/webcast/ga/62/2007/pdfs/kazakhstan-en.pdf(검색일 2016년 9월 24일).

2 GUAM Organization for Democracy and Economic Development, 몰도바 외교부 자료, Ministry of Foreign Affairs and European Integration of the Republic of Moldova, "History and concept of GUAM", http://www.mfa.gov.md/about-guam-en(검색일 2016년 9월 24일).

3 신범식, 〈푸틴 러시아의 근외 정책: 중층적 접근과 전략적 균형화 정책을 중심으로〉, 《국제지역연구》 제14권 4호, 2005 겨울, 한국외국어대학교 국제지역연구센터, 2005, 113~117쪽.

4 杨牧, 张玉珂, 〈'上海五国'边境地区军事信任协定签署20周年国际研讨会在京举行〉, 人民网, 2016年 4月 13日, http://world.people.com.cn/n1/2016/0413/c1002-28274092.html(검색일 2016년 9월 24일).

5 "Greater Middle East Initiative for Democratization", Wittes, Tamara Cofman, "The New U.S. Proposal for a Greater Middle East Initiative: An Evaluation", Saban Center Middle East Memo No. 2. Washington D.C.: Brookings Institution, 2004, p.39.

6 National Security Strategy for the United States, Washington, D.C.: U.S. Government Pringting Office, 2002, p.19.

7 인남식, 〈중동 지역의 세계관과 동맹〉, 외교안보연구원, EAI 국가안보패널(NSP) Report No.35, 2009, 12~13쪽.

8 전은주, 〈이란 핵 협상의 주요 내용 및 시사점〉, 원자력정책 Brief Report, 2015-2호, KAERI, 2015, 16쪽.

9 Melinda Haring, Michael Cecire, "Why the Color Revolutions Failed", Foreign Policy, March 18, 2013, http://foreignpolicy.com/2013/03/18/why-the-color-revolutions-failed(검색일 2016년 9월 27일).

10 Fiona Hill and Kevin Jones, "Fear of Democracy or Revolution: The Reaction to Andijon", e Brookings Institution in Washington, THE WASHINGTON QUARTERLY, SUMMER 2006, p.117, https://www.brookings.edu/wp-content/uploads/2016/06/20060606.pdf(검색일 2016년 9월 27일).

11 GUAM 홈페이지, "Charter of Organization for democracy and economic development - GUAM", http://guam-organization.org/en/node/450(검색일 2016년 9월 24일).

12 SCO 홈페이지, 〈上海合作组织简介〉, http://chn.sectsco.org/about_sco(검색일 2016년 9월 24일).

13 Global Security, "Organization for Democracy and Economic Development-GUAM", http://www.globalsecurity.org/military/world/int/guuam.htm(검색일 2016년 9월 27일).

14 Rollie Lal, Central Asia and its Neighbors: Security and Commerce at the Crossroads, Santa Monica, CA: RAND Corp., 2006, http://www.rand.org/content/dam/rand/pubs/monographs/2006/RAND_MG440.pdf(검색일 2016년 9월 27일).

15 Kawato Akio, "What is Japan up to in Central Asia", in Japan's Silk Road Diplomacy, Paving the Road Ahead, Central Asia-Caucasus Institute Silk Road Studies Program, Christopher Len, Uyama Tomohiko, Hirose Tetsuya Editors, 2008, p.22, p.19.

16 〈A New Pillar for Japanese Diplomacy: Creating an Arc of Freedom and Prosperity〉, http://www.mofa.go.jp/policy/other/bluebook/2007/html/h1/h1_01.html(검색일 2016년 9월 27일).

17 Kawato Akio, "What is Japan up to in Central Asia", in Japan's Silk Road Diplomacy, Paving the Road Ahead, Central Asia-Caucasus Institute Silk Road Studies Program, Christopher Len, Uyama Tomohiko, Hirose Tetsuya Editors, 2008, pp.28~29.

18 Amb. Karl F. Inderfurth, Ted Osius, "India's 'Look East' and America's 'Asia Pivot': Converging Interests", Center for Strategic & International Studies, U.S.-India Insight, March 2013, Vol. 3, Issue 3, p.1.

19 Hillary Rodham Clinton, "America's Pacific Century", U.S. Department of State, Diplomacy in Action, November 10, 2011, http://www.state.gov/secretary/20092013clinton/rm/2011/11/176999.htm(검색일 2016년 9월 28일).

20 Andrew C. Kuchins, Thomas M. Sanderson, "The Northern Distribution Network and Afghanistan: Geopolitical Challenges and Opportunities", Center for Strategic & International Studies, January 2010, pp.1~2.

21 U.S. Department of State, "New Silk Road Ministerial", Washington DC, September 22 2011, http://www.state.gov/r/pa/prs/ps/2011/09/173765.htm(검색일 2016년 9월 28일).

22 Amb. Karl F. Inderfurth, Ted Osius, "India's 'Look East' and America's 'Asia Pivot': Converging Interests", Center for Strategic & International Studies, U.S.-India Insight, March 2013, Vol. 3, Issue 3, p.1.

23 미국 2009년 당시 일자리 감소 수는 버락 오바마 공식 홈페이지 내 오바마 커리어 소개 부분에서 인용, https://www.barackobama.com/president-obama(검색일 2016년 9월 28일).

24 TPP는 2006년 5월 뉴질랜드·싱가포르·칠레·브루나이 4개 국가의 FTA 체결을 위한 정책 플랫폼이었는데, 2010년 3월 미국·오스트레일리아·페루·베트남이 합류하기로

결정, 2010년 10월 말레이시아, 2012년 12월 캐나다·멕시코, 2013년 7월 일본까지 합류를 결정하면서 12개국으로 구성하게 됐다. Congressional Research Service R42694, The Trans-Pacific Partnership(TPP) Negotiations and Issues for Congress, by Ian F. Fergusson, Mark A. McMinimy, Brock R. Williams, March 20 2015, p.3.